Darwin et la science de l'évolution
ダーウィンは、ガラパゴス島の
巨大なゾウガメの背によく乗ってみたという。
このゾウガメが、水場をみつけるのが
すばらしくうまいことにも
ダーウィンは驚いている。
ダーウィン
進化の海を旅する
パトリック・トール 著
平山 廉 監修
南條郁子・藤丘樹実 訳
「知の再発見」双書99
SG 絵で読む世界文化史

日本語版監修者序文

平山廉

生物進化論の創始者としてチャールズ・ダーウィンの名前が私の脳裏に刻み込まれたのは小学生の頃であった。彼の最も代表的な著作『種の起源』（八杉竜一訳，岩波書店）を最初に読んだのは高校生になってからだと記憶している。よく古典は読みづらいと言われるが，『種の起源』に関してはそんな懸念は覚えず，その後も折に触れて何度か復読している。本書でも触れられているが，『種の起源』（邦訳は上・中・下の3巻）が未刊となったダーウィンの大作の概要に過ぎないということを後になって知り，さらに驚いたものであった。

本書はダーウィンの伝記と彼の業績の紹介・分析という二つの側面を兼ね備えている。ダーウィンの伝記的側面では，ダーウィン家が陶器製造で有名なウエッジウッド家の親戚であり，それがダーウィンの思想形成にも大きな影響があったことが紹介されているのが興味深い。ダーウィンの妻エンマは従兄弟にあたり，ウエッジウッド家の末娘であったのである。また，ダーウィンが欧米の著名な科学者や思想家と広く交流があり，それが進化論の形成や成熟にどれほど寄与したかが述べられている。ダーウィンにとって最も大きな思想的影響があったのは「地質学原理」で知られる近代地質学の祖と言われるチャールズ・ライエルであったと思われるが，二人は個人的にも

[redacted]

非常に親しかったことが紹介されている。ちなみに，ライエルは最初の恐竜（イグアノドン）の発見者として知られるギデオン・マンテルの親友でもあった。

本書の中で最も印象的だったのは「地質学こそ彼の方法の原点だった。小さな効果の積み重ねによって少しずつ世界を変えてきた巨視的な過程を理解するために，現在進行中の微視的な過程を直接観察するという方法，それを彼（ダーウィン）はまさに地質学で学んだのだ。」という一節である。ダーウィンが生まれ育った１９世紀前半は近代産業の発展にともなって地球上の生物の多様性がようやく理解されつつある時代であった。また地中奥深くからは魚竜や首長竜，恐竜やマンモスといった絶滅動物が続々と発見されていた。中世的なキリスト教的世界観に縛られた欧米の知識人は，こうした事実の解釈に苦闘していたのであった。生物の創造や絶滅は天変地異も含めた造物主の御業《みわざ》であるとする解釈が主流であった中で，ダーウィンは進化や絶滅といったあらゆる生物学的側面は膨大な地質学的時間をかけた微細な変化の集積によって解釈できることを正しく看破していたのである。

私が思うに，ダーウィンの科学者として最も優れた資質は自然界における「微視的な過程」の素直で慎重な観察者であったということに尽きるのではないだろうか？ダーウィンの思想形成に決定的な影響を与えた体験が5年間にも及ぶビーグル号による世界旅行であったことは疑いがない。しかし，これも２０代前半の純真無垢なダーウィンという人があってこそであった。５年間も母国を離れて未知で未開の地を訪問，調査することなど容易に体験できるものではない。現代に例えるなら宇宙船に乗り込んで地球を遠く離れることにも似た体験であったに違いない。宇宙飛行士が宇宙に行ってから世界観・人生観が変わったと告白するのを耳にすることがあるが，恐らくダーウィンも同じような衝撃を味わったのであろう。

彼が現代の宇宙飛行士と異なっていたのは，自分が疑問に思ったことに関して，それこそ普通の人では考えられないような慎重さと周到さでじっくりと情報を集めていたことである。進化論の着想そのものは１８３０年代に得ていたにもかかわらず，それを公表したのは１８５８年になってのことであり，しかも同国人のウォレスが同様の着想を独自に持っていることに触発されてのことであった。『種の起源』が刊行されたのは翌年のことである。ダーウィンの過剰とも思える慎重さはキリスト教的世界観が支配的な当時の社会情勢に配慮したものであったのは当然のことであるが，彼の性格によるところも大きかったようだ。そして，これがダーウィンの進化論を発表当初から完成度の高い科学理論に仕立てあげたのである。生物の進化に関する着想そのものは，ダーウィン以前にもラマルクらが発表していたが，ダーウィンの進化理論はその論理的緻密さにおいて他の追随を許さないものであり，本質的に現在でも十分に通じるほど完成されたものなのである。

本書の後半では，ダーウィンの進化論の負の側面として取り上げられることのある人種差別理論や女性蔑視といったものが，後世の人々によるまったくの曲解であり，ダーウィンその人は現代でも立派に通用する，きわめてリベラルな人物であったことを紹介している。

本書はダーウィンの生涯と業績を理解する上でまたとない好著であり，是非とも一読をお薦めしたい。『種の起源』などダーウィンの原著を読まれると理解は一層深まるであろう。

2

バーチェルシマウマ（南・東アフリカ産。20世紀初めに絶滅）は，アフリカの他のシマウマとちがって脚に縞模様がない。ダーウィンは，ウマ科の動物や他の哺乳動物にみられる肩や背や脚の縞模様を，祖先形の痕跡だと考えていた。

ショートホーン牛は，ダーウィンの時代にイギリスの育種家がつくりだした人為選択の傑作である。この肉牛は，形質変異の選択と厳しく管理された生殖をくみあわせた長期にわたる品種改良の末に誕生した。

下はドクロメンガタスズメ (*Acherontia antropos L*) のメスが羽を広げたところ。羽を広げたときに背の上部にあらわれる模様は，人間中心主義的に解釈すれば，敵を睨みつけている人間の頭蓋骨のようにもみえる。

右はさまざまな甲虫。中央の大きな二匹は雌雄の差異がはっきりしたクワガタのメスとオス。オスの立派な大顎は喧嘩や交尾に用いられる。(雌雄の外的形質が異なっていることを性的二形という。)

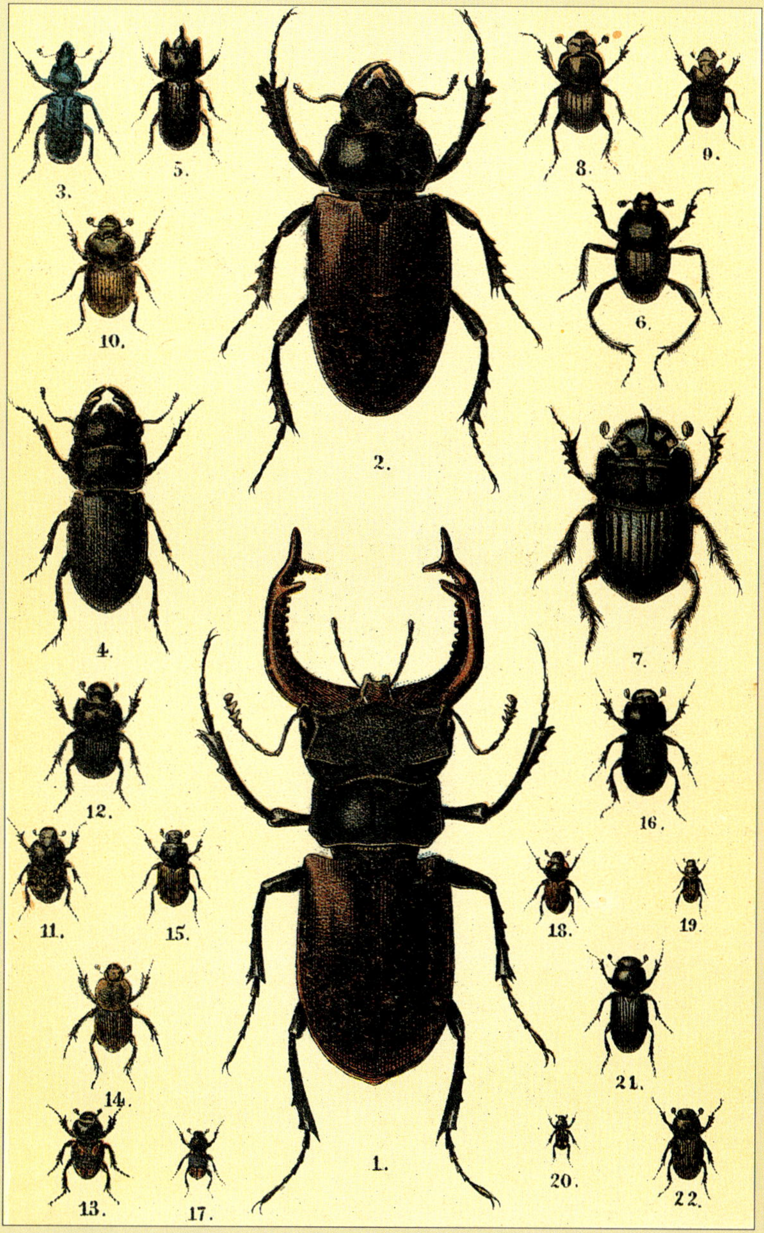
3.
5.
2.
8.
9.
10.
6.
4.
7.
12.
16.
11.
15.
18.
19.
21.
14.
1.
13.
17.
20.
22.

上はベルギーの競技用伝書鳩。

左は極楽鳥の一種，コフウチョウ（*Paradisea minor*　作画ジョン・グールド）。自然選択によってつくられた性的二形がいちじるしい。求愛に用いられるオスの飾り羽は，あまりにも発達しているため捕食者に見つかりやすく命取りになることがある。

ラン（上）は種類が非常に豊富で（数千種），ダーウィンにとっては，蔓植物とならんで熱心な研究の対象だった。右はネナシカズラ。巻きひげに吸器があり，これで宿主の養分を吸いとる。

CONTENTS

〔5頁の図版解説〕

巨大なゾウガメの話は，ダーウィンの世界旅行を想像した画家たちに非常に大きなインパクトをあたえた。けれどもガラパゴスの巨大な陸亀についてのべた『ビーグル号航海記』の一節以外，ダーウィンの著作のほとんどどこにも亀は登場しない。もっとも『人間の由来』には，海亀のオスが発情期に鳴き声を発することをのべた一文がある。5頁図版の上はトレセスッポン（*Apalone spinifera*），下はアオウミガメ（*Chelonia mydas*）。

ダーウィン

パトリック・トール❖著
平山　廉❖監修

「知の再発見」双書99

創元社

❖「卒業したとき，わたしは年のわりに進んでもいなかったし，遅れてもいなかった。先生方や父の目にはごくふつうの，どちらかといえば平均以下の子どもに映っていただろう。ある日，わたしは父にこんなことをいわれ，ひどく傷ついた。『おまえは鉄砲打ちだの，犬だの，ネズミ捕りだのばかりにうつつを抜かしているが，そんなことでは自分も恥ずかしい思いをするし，家の恥さらしにもなるぞ』」……………………………（『自伝』，1876年）

第1章

生い立ち

⇦31歳のチャールズ・ダーウィン（1809〜1873）。水彩。ジョージ・リッチモンド作。
⇨ダーウィンの携帯用顕微鏡——彼はつねづね顕微鏡をナチュラリスト必携の道具だといっていた。

家の伝統

ナチュラリスト，チャールズ・ダーウィンは1859年以降，世界でもっとも有名な生物系統学の理論家となったが，それにあずかって力があったのは，彼と家系とのきわめて特殊な関係である。というのも1809年2月12日，シュロップシャー州シュルーズベリに生まれたときから，彼は見ならうべき先人たちに取り囲まれていたのだ。父方では，父親のロバート・ウェアリング・ダーウィンが，1787年以来この町で医師として成功し，年若くしてロンドンの王立学会と医学会の会員になっていた。チャールズはこの尊敬する父から医者への道を示された。それは祖父エラズマス・ダーウィンの職業でもあった。エラズマス・ダーウィンは18世紀ヨーロッパのすぐれて独創的な人物であり，生物の種は神によって創造され，変化しないという考えが大勢を占める中で，1796年，『ズーノミア』を刊行し，フランスのジャン＝バティスト・ラマルクに4年先んじて，創造説ときっぱり袂を分かっていた。彼は，生物や種が欲求の作用を受けて漸進的に変化していくと考えた初期の進化論者の一人だったのだ。一方，母方の祖父は，新興の企業家として産業革命を推進したジョサイア・ウェッジウッドだった。彼は家業の製陶業を刷新し，装飾用陶器の製作に技術革命を起こした人物で，機能と美を統合した工業デザインの創始者の一人でもあった。どちらの家の伝統も，これら二人の創始者の非順応主義を土台として築かれていた。のちに述べるが，チャールズもまたこの伝統にのっとって家業から「分岐」し，それを機に本来の才能を花開かせることになる。

⇦父方の祖父，エラズマス・ダーウィン

⇘母方の祖父，ジョサイア・ウェッジウッド――エラズマス・ダーウィン（1731～1802）は医者であったほかに，物理学者，地質学者，ナチュラリスト，発明家，詩人でもあり，政治・哲学における進歩主義者でもあった（彼はフランス革命をたたえ，アメリカの独立戦争を支持し，選挙権の拡大と奴隷制の廃止を望んでいた。さらに，無神論者として非難されていた）。一方，ジョサイア・ウェッジウッド（1730～1795）は，仲間のジェイムズ・ワットらの蒸気機関工場をモデルに，1769年，近代的な陶器工場村を創設した。

⇧ジョサイア・ウェッジウッドの家族——1780年頃，ジョージ・スタッブズに注文して描かせた一家団欒の光景。右からジョサイア1世，妻のサラ，長男ジョン，次男ジョサイア2世，長女スザンナ（チャールズの母），次女カサリン，三男トーマス，三女サラ・エリザベス。

分岐と反復

二つの家族は固いきずなで結ばれていた。一つ目のきずなは家長どうしの深い友情である。エラズマスは学者，ジョサイアは企業家だったが，どちらも政界や宗教界の正統派思想に疑問をもち，無信仰に近く，科学の発見に情熱を燃やし，民主主義を愛し，奴隷制に反対で，しかもそれらの信念を実践にうつすだけの旺盛なエネルギーをもっていた。二つ目のきずなは，彼らの強い願望にもとづく両家の姻戚関係である。エラズマスの息子ロバート・ダーウィンは，1796年，ジョサイアの娘スザンナ・ウェッジウッドと結婚していた。チャールズはこの点でも家の伝統をくりかえし，1839年，ジョサイアの孫娘エンマ・ウェッジウッドと結婚する。それは彼が家を離れ，5年近く旅をして，生物が環境の中で漸進的に変化するという考えと，ナチュラリストになるという決心を固

めて，帰国したあとのことである。

進化論者ダーウィンの考えによれば，生物の変化の秘密は，祖先への類似と特異な変異（進化的分岐，新奇なものの台頭）の妥協にある。この重要な思想がなぜ彼のうちに育まれたか，こうして見てきただけでもその理由がおぼろげにわかるような気がするではないか。1817年6月，チャールズは病気の母を喪ったが，死別の悲しみは心のうちに閉じこめられた。

最初の学校

この年，チャールズは学校に入り，1年間通学した。教師のケイス師は，シュルーズベリにあるユニテリアン派礼拝堂の牧師だった。ユニテリアン派というのはダーウィン家の宗派で，かつて英国教会内で分派的な行動をとったこともある。最大の特徴は，正統派の三位一体論（父と子と精霊を一体視する）をしりぞけ，神のみに神性をみとめる点にあり，全体としては寛容さと，開放性と，他者への思いやりを重んじていた。ここに始まったチャールズの学校生活は，身の入らない，本人の言によればぱっとしないものだったが，生き物観察と収集への情熱だけは，早くも目ざめてしだいに高じていった。翌1818年，彼は同じ町にあるサム・バトラー博士の「大きな学校」に，今度は寄宿生として入学した。7年いたこの学校にろくな思い出は残っていない。その教育の主体をなしていた古典語（ギリシア語とラテン語）や古典文学，歴史や古代地理学といった教養科目が大の苦手だったのだ。唯一夢中になっていたのは狩猟と釣り（ただしこれらはのちに憐れみから放棄した），そして植物や昆虫や鳥を飽かず観察することだけだった。もっとも，長ずるにつれて少しは詩を読んだり，美しい風景に感動したり，幾何学や化学の実験に凝ったりするようになったが，これについては（とくに化学の実験）5歳年上の兄エラズマス・アルヴェーの影響が大きい。

⇦シュルーズベリ学校の図書館（1843年）――「この学校はわたしにとって，教育手段としては無にひとしかった」（『自伝』）

期待を裏切る

この兄は，豊かな才能と知識をもちながら医師にはならず，終生，多趣味なディレッタントとして華やかな独身生活を送ったが，少年時代のチャールズにとっては頼もしい，隠れた味方だった。といっても，チャールズに対してさほど大きな影響力があったわけではなく，共犯者としてそっと手を貸してくれたにすぎない。決定的な影響を及ぼしたのは父親である。その堂々たる体軀と，思いやりはあるが厳格な態度は，チャールズに尊敬の念を起こさせる一方

⇙7歳のチャールズと妹（1816年。パステル画）――妹エミリー・カサリン（愛称カティー）は，チャールズより15ヶ月年下である。一番年の近い兄へのカサリンの愛情は，世界周航中の兄に手紙を書いたり，彼が無事に牧師になれるかどうかで気をもんだり，フランシス・ウェッジウッドと結婚させようとしたことにあらわれている。現実には兄は牧師にならず，フランシスは1832年に病死し，兄と結婚したのはウェッジウッドの四姉妹のうちで最年少のエンマだったのだが。チャールズには権柄尽くだった姉たちも，病弱なカサリンには手加減したらしい。口やかましい家庭教師のようなその性格は好かれなかったが，それでもチャールズと彼の子どもたちは我慢づよく彼女に接していた。

で，期待を裏切ることへの恐れと不安を彼の心に吹きこんだ。

チャールズは父を少しへだたったところから愛していた。その距離をちぢめるには，息子を医者にという父の願いを，身をもって叶えるほかはなかっただろう。晩年，ダーウィンは『自伝』の中で，この父が並はずれた記憶力をもっていたこと，物惜しみしなかったこと，直感が鋭かったこと，「人の気持ちがよくわかる」ために患者から慕われ，絶大な信用をえていたことを語っている。一方，父の厳しさは控えめにしか語られていないが，じつはそれこそが彼にとって学校時代を通して一番の悩みの種だった。父の期待はわかっていた。だが彼はそれに答えることができず，人の悪い兄はまず父を喜ばせておいて，あとでがっかりさせたのだった。その期待とはいうまでもなく，ゆくゆくは医学で名を上げてもらいたいというものだったが，それというのもダーウィン家にはかつて医学の犠牲となった人物がいて，当家の男子は全員その人を通じて医学に結びつけられていたからだ。その人の名はチャールズ・ダーウィンといい（1758～1778），父ロバートの敬愛する兄で，エディンバラ大学で検屍のときにたまたま負った傷がもとで敗血症にかかり，20歳で亡くなっていた。ダーウィンの経歴や思想の決定要因を精神分析的に考察した論文は数多いが，どうもよくわからないのは，それらをいくらていねいに読んでも，すべての解釈にかかわるひとつの事実が，自明な前提として現れてこないことである。その事実とは，若きチャールズ・ダーウィンが《死者と同じ名前をもっていた》こと。彼と同名のこの伯父は傑出した才能をもち，祖父エラズマスの希望の星だった。そしてそのあとに続くよう促された父ロバートは，医学も手術も大嫌いだったのに，それでも祖父の期待に答えたのだ。おそらく父は身代わりとしてそうしたにすぎず，どこまでも努力しなければと自分にいいきかせながら服従し

⇩父，ロバート・ウェアリング・ダーウィン（1766～1848）── 父はエラズマス・ダーウィンの三男で，四番目の子どもだった。1785年，彼は19歳の若さで，光る物体を見つめたあと，網膜上にしばらく色のついた斑点が残る現象について，論文を発表した。思いやりはあるが厳しい人で，学業をかえりみないチャールズに容赦のない言葉を浴びせた。だが『自伝』によると，息子の方は何とか医者にならずにすませたいと，父親の収入をかなりあてにしていたらしい。結局，ダーウィンはエディンバラ大学で医学と訣別した。

ていたのだろう。だからこそ，故人と同じ名をもつ息子チャールズにはいっそう厳しく，おまえは家族の伝説となった殉教者のオーラに包まれた若き天才に取って代わらなければならぬと伝えたのである。こんな境遇に立たされれば誰でも，自分には子供時代がなかった，自分とは関係なく物語はすでにできあがっており，選択の自由は奪われていたと思うに違いない。そしてこの伯父のことを，敬いながらも忘れようとし，さらに医学に敬意を払うことを——母の病気が治せなかったのであればなおさら——拒否するだろう。父への服従というパラドックスの中から，チャールズがうまく妥協への道を探り当てるには，もう少し時間がかかる。彼の学生時代を特徴づける逡巡は，家から大きな期待を負わされた若者にありがちな心の迷いと見ることができる。期待を裏切るのはためらわれるが，自分の意思で生きるためにはそうするよりほかに仕方がない。したがって彼の「医者修業」は，ごく順当に父を失望させ，それによってはじめて彼は自分の人生を歩むことになる。

⇩エディンバラ大学——「マンロー博士の教える人体解剖学は博士自身と同じくらい退屈で，死体はわたしに嫌悪感を抱かせた。明らかに我が人生最大の不幸は，無理にでも解剖実習をやらされなかったことに由来する。もしやらされていたら，嫌悪感などすぐに克服していただろうし，将来の仕事にどれほど役に立ったかわからない。これはわたしにとって，絵が描けないのと同じくらい，とりかえしのつかない不幸だった」（『自伝』）

エディンバラ大学：ラマルクにふれる

1825年10月22日，ダーウィンはエディンバラ大学に入学した。［スコットランドの首都にあるこの大学は非国教派にも門戸をひらき，すぐれた医学教育で有名だった。チャールズの祖父も，父も，同名の伯父もここに学んでいる。］彼はそこで2年をすごしたが，大学の講義は退屈そのもので，死体解剖も大嫌いだった。のちに彼自身，トーマス・ホープの講義にしか興味を覚えなかったと述懐している（ホープは化学者で，20年前，水の密度が4°Cで最大になることを実験的につきとめていた）。ダーウィンはプリニウス学会に入って若いナチュラリストたちと友達になった。彼らのリーダー格だったと思われるロバート・エドモンド・グラント（1793～1874）は，海生無脊椎生物の研究家で，熱烈なラマルク主義者だった。種は変化する，それは欲求，適応反応，遺伝といったメカニズムを通して，環境が生物に作用した結果だというのである。グラントはダーウィンを味方につけようと熱弁をふるったが，当時のダーウィンは，せいぜい祖父エラズマスの思想に対して抱くのと同程度の関心しか示さなかった。もっとも彼は『ズーノミア』には，たいへん感心してい

たのではあるが…。ともかく当面の関心の的はもっぱら生物観察であり，ダーウィンはグラントの勧めで1826年，プリニウス学会で２つの短い報告をおこなった。ひとつはある種のオウギコケムシの幼生が繊毛運動を行うことについて，もうひとつはウミビルの卵についてである。

ダーウィンは複数の学会に出入りし，ある黒人の剥製師と仲良くなって鳥の剥製の作り方を教えてもらった。夏や秋には，母方の叔父ジョサイア・ウェッジウッド２世の家があるメアに遊びに行った［メアはスタッフォードシャーにあるウェッジウッド家の所有地の名前］。ジョサイア２世は同名の大製陶業者の息子である。メアには豊かな自然と，狩猟の楽しみと，厳格な父の家にはない気楽さがあった。一方，父は息子を医者にするという夢を断念し，本人と相談して代替の進路を決定した。その結果チャールズは，医者にくらべて見劣りはするが，人の尊敬を集め，経済的にも不安の少ない，田舎の国教会教区の牧師をめざすことになった。だが父の思惑をよそに，本人はこれなら自由時間が手に入り，自然の研究に打ちこめると考えていた。

ケンブリッジ大学：自然神学，甲虫採集，植物学と哲学

上のような心づもりだけを胸に，チャールズは1827年10月15日，ケンブリッジ大学に登録した。そのあと家で家庭教師について，忘れ

「だがケンブリッジでわたしが最も熱中し，最も多くのよろこびを得たのは甲虫採集だった。要するにひたすら収集がしたかったのだ。解剖はしなかったし，外見の特徴を本の記述とつきあわせることもまれだったから。それでも何とか名前はわかるのだった」（『自伝』）

⇦⇩甲虫採集に対するダーウィンの並々ならぬ情熱を裏づける品々。（左頁）ダーウィンが採集した甲虫の標本，（本頁上）フォークランド諸島でつかまえた甲虫，（下）甲虫にまたがったチャールズ（友人アルバート・ウェイ作）

DARWIN & his HOBBY.

ていた古典を勉強しなおし，翌年，大学に通いはじめた。ここで彼は３年をすごすことになる。

大学で教えられていた科目はほとんど好きになれなかったが，免状取得のために勉強したユークリッド幾何学と自然神学は大いに楽しんだ。自然神学はヨーロッパで長い歴史をもち，イギリスではウィリアム・ペイリーの著作が代表的な教科書となっていた。その内容は，自然の驚くべき調和を記述し，その究極原因がもっぱら神の摂理にあることを説明するというものだった。つまり，神はみずからの完全性を表現すべく，そしてそれを人間に知らせるべく宇宙を秩序づけた，その結果として自然の調和がある，と説くのである。その論法はきわめて護教的であり，科学的知識を神意の「証拠」として神学体系に組み込み，他の解釈を抑えることを使命としていた。いいかえれば，思想界にたいする教会の影響力を維持するとともに，産業革命以来とみに攻撃されるようになった教義神学を，客観的事実によって守る城壁のような役目を果たしていたといえる（といっても科学との危険な断絶をさ

⇩ダーウィンが在籍したケンブリッジ大学のクライスツ・カレッジ――ケンブリッジ時代のダーウィンは，学業をおろそかにして美術や音楽にしたしみ，金持ちの学生らしく社交と娯楽に明け暮れるいささか自堕落な生活を送っていた。

けるため，この城壁は自然神学によってむしろ柔軟化されたという方が正しい)。だが科学はますます機械論に傾き，神の設計，神の意図といった考えから離れていった。自然神学は何とかして教会の威信を保とうと，新たな鑑定の対象が見つかるたびに同じ論法をくりかえした。すなわち，いくつかの現象が組合わさって「調和のとれた」全体をなしているような例があれば，その原因を「盲目的な」自然の作用のせいにする相手方を論破して，自らの作品をかくも美しく調和に満ちたものにした神の意志と叡智を誉めたたえる。たとえば，個々の生き物が，それ自身つりあいのとれた部分からなり，外部とも調和のとれた関係をもっているのは，「偶然」などというわけのわからないものによるのではなく，神の叡智によって準備された設計図《プラン》のおかげだと説くのである。このように究極原因によって現象を説明する神学的議論の目的は，「自然の驚異」に引きおこされる感嘆の念を通して，神の存在，神の力と叡智をたたえることにあった。この目的論に対し，ダーウィンはものの10年もしないうちに，致命的な打撃を加えることになる。純粋に生物界の中にあって，神のデザインなどという外の力を借りずに，見事なバランスをつくりだす元になるものをつきとめたのだ。だが今の彼はそんなことは夢にも知らず，真に自分の情熱をかきたてるもの——無限の組み合わせをつくりだす自然，生物の精妙な適応，器官の結合，諸機能のあいだに見られる調和——を，ペイリーを通して夢中になって学んでいた。

同じ頃，彼はとくべつな情熱をかたむけて甲虫を大量につ

⇩ウィリアム・ペイリー（1743〜1805）——ペイリーは国教会の副司教，ケンブリッジの神学博士で，『倫理および政治哲学の原理』(1785年)，『キリスト教の証験』（1791年)，『自然神学』（1802年）を著しており，当時は権威とみなされていた。「その頃のわたしはペイリーの前提に疑念を抱いていなかった。それらを信頼し，一連の論証に魅せられ，納得していた」（『自伝』）ペイリーはエラズマス・ダーウィンの『ズーノミア』に書かれた進化論を激しく攻撃していた。

かまえては分類し，その道の専門家たちから一目置かれ，彼らとの交流を楽しんでいた［甲虫とはゲンゴロウやコガネムシなど堅い上翅をもつ昆虫。当時イギリスでは甲虫採集が流行していた］。また，植物学の教えを受けたジョン・スティーヴンズ・ヘンズロー（1796〜1861）と親しくなり，いっしょに散歩をしたり，ヘンズローの家の夜会に招かれたりするようになった。そこで彼は多くの知的エリートと知り合いになったが，なかでもナチュラリストのリオナード・ジェニンズと，哲学者・神学者・数学者のウィリアム・ヒューウェルに惹きつけられた。そのほか，アダム・スミスやジョン・ロックを勉強し，アレクサンダー・フォン・フンボルト（1769〜1859）の『南アメリカ旅行記』を読んで魅了され，一生その感激を忘れなかった。天文学者ジョン・ハーシェルの『自然哲学研究序論』も夢中で読んだという。

地質学への興味

1831年1月，猛勉強がむくわれ，ダーウィンはめでたく文学士《バチェラー・オブ・アーツ》となった。合格者178人中10番という好成績だった。22歳になった彼は，ヘンズローの熱心な勧めに応じて，最近関心を抱きはじめた地質学を勉強することにした。この学問は，前年にチャールズ・ライエルの『地質学原理』第1巻が出て，新たな光が当てられたばかりだった。ケンブリッジにもアダム・セジウィックという地質学者の教授がいたから，もしダーウィンがその講義を聴いていれば，もっと早く地質学にめざめ，異なる地域の遺物が同じ相対年代に属することを示すために，古生物学的証拠が重要な役割をはたすことに気づいていたかもしれない。

だがヘンズローのおかげで，ダーウィンの目はようやく地質学へと向けられた。その頃ダーウィンは，フンボルトの影響でテネリフェ島に行くことを夢みていたが，ヘンズローはそういう彼を同僚のセジウィックに託し，北ウェールズの野

⇧メア屋敷――スタッフォードシャーのメア屋敷には，ジョサイア1世のあとを継いだジョサイア2世とその家族が住んでいた。若い頃のダーウィンは，他の誰にもましてこの土地を愛していた。家長の「ジョス叔父さん」は彼のよき相談相手であり，父の理解や許しを得るのに大いに力を貸してくれた（父の方もウェッジウッド家の財産管理に力を貸していた）。チャールズは毎年，狩猟シーズンになるとメアの森をおとずれ，心ゆくまで狩りを楽しんだ。

⇩アダム・セジウィック（1855年頃）──セジウィックは1831年，ヘンズローの紹介でダーウィンと親しくなった。数ヶ月後，調査旅行に同行したダーウィンのはたらきに感心した彼は，弟子のナチュラリストとしての輝かしい未来を予言したが，『種の起源』が世に出ると，その進化論に反対した。セジウィックは聖職者でもあり，自分の研究分野の上にのしかかる古いドグマからついに自由になれなかったのだ。のちにダーウィンはセジウィックを，腹立ちのまじった憐れみの目で見ることになる。

外調査に同行させるよう依頼した。8月におこなわれたこの調査旅行でチャールズは「一地域の地質学をいかに打ち建てるか」を学んだ。もっとも45年後に出た『自伝』（1876年）によれば，チャールズばかりかセジウィックまで，イドウォル渓谷にはっきりと残る氷河現象の痕を見落としていたという。調査が終わると，チャールズはセジウィックと別れてバーマスに向かい，しばらく滞在したのち，ヤマウズラ猟がはじまる前にメアに着けるよう，シュルーズベリに戻った。

❖「これから長旅に出ようという人が，わたしに意見をもとめてきたとする。これにどう答えるかは，その人が今やろうとしている学問を好きかどうか，それを学ぶために旅がどんな役に立つかによって異なる。(……)したがってまず目的をもたねばならず，その目的とは，知識を補完すること，真実を発見することでなければならず，一言でいえば，その目的が旅する人の支えとなり，励みとなるようでなければならない」 ……………………

『ビーグル号航海記』第2版，1845年

第 2 章

ビーグル号に乗って

⇦ビーグル号（左）は，大砲10門をそなえた3本マストの帆船で，海が荒れると激しく揺れた。長さは30m，最大幅は8mで，乗組員74名をのせるには狭すぎた。
⇨航海日誌の手帖――ダーウィンは航海中の出来事や観察を手帖に書きとめていた（これはそのひとつ）。『ビーグル号航海記』はこれらの記録にもとづいて執筆された。

ビーグル号とフィッツロイ艦長

シュルーズベリに帰ると，ヘンズローから手紙が届いていた。南半球周航を予定しているビーグル号に，自費で搭乗を希望する若いナチュラリストがいれば，フィッツロイ艦長が船室を提供するというのだ。航海の主目的は，数年前にはじまった南アメリカ沿岸部の水路測量を終わらせることと，クロノメーターで経度を測定することだった。喜んで申し出に応じようとしたチャールズは，父親の反対にぶつかった。だが父はこうつけたした。「もしだれか良識のある人で，出発を勧める人がみつかったら，そのときは賛成しよう」。チャールズはあきらめ，いったんは断りの手紙をかいた。

次の日，チャールズはメアに行き，事の顚末《てんまつ》を話した。ジョス叔父さんが救いの手をさしのべてくれた。決断の速い叔父は，翌日さっそくチャールズをともなってシュルーズベリに赴き，父と話をしてくれた。今度は父も快諾した。

チャールズはケンブリッジへ行ってヘンズローに会い，それからロンドンへ行ってフィッツロイ艦長と対面した。気品があり，信仰心が篤く，貴族的な物腰と尊大な態度が印象的なフィッツロイは当時26歳だった。その激しく不安定な気性，突然の癇癪，超保守的な政治信条は，航海中，二人の間にときどき波風を立てることになる。ダーウィンの『自伝』によると，当時フィッツロイはスイスの人相学者ラーヴァターの熱心な読者であり，のちに本人が打ち明けたところでは，ダーウィンの鼻の形を見て，はじめは申し出を断ろうかと思ったという。

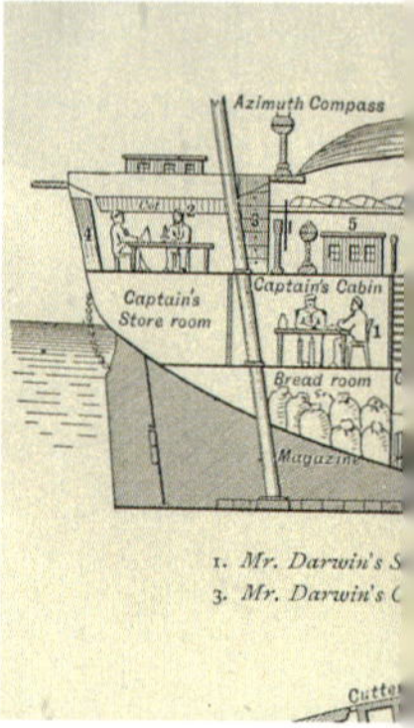

⇧ロバート・フィッツロイ艦長（上）は保守主義（トーリー党）で，聖書の一字一句を信じる頑なな原理主義者で，奴隷制の擁護者だった。彼はステュアート王家の血を引いていた。

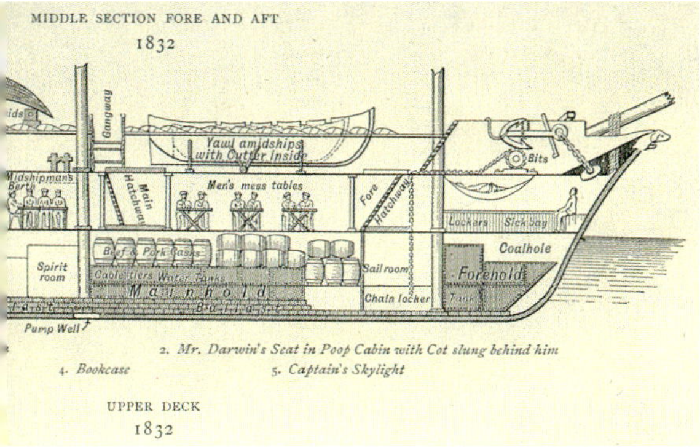

⇦ビーグル号の縦断面図――フィッツロイは1741日におよぶ航海中，おしなべて良い艦長でありダーウィンに対する態度も丁寧だったが，1832年３月，自由主義（ホイッグ党）で奴隷制廃止を望んでいたダーウィンに皮肉をいわれ，癇癪玉を破裂させたことがあった。ブラジルで，ある黒人奴隷が主人に問われて，自分が幸せだと答えたという話をダーウィンに披露したら，それが心からの言葉だと思うのかと問い返されたのだ。帰国後，政治や行政の分野でキャリアを積んだのち，1863年に海軍少将となったが，ダーウィンの進化論に反対で，アメリカ南北戦争で支持していた南軍の敗北を嘆きながら，1865年に自殺した。

海軍省から正式に乗艦を認められたダーウィンは，1831年12月27日，ビーグル号に乗ってイギリスを離れた（ビーグル号の名は，野兎狩りに使われる猟犬ビーグルに由来する）。積み荷の中には研究用具と，ライエルの『地質学原理』第１巻をはじめとする，選びぬかれた科学書が入っていた。のちに彼はこの航海のことを，自分の人生で「とほうもなく重要な事件」とみなすことになる。（航海の略図はp.34～p.35，略年表はp.150～p.151。）

火山島

1832年１月６日，ビーグル号はダーウィン憧れのテネリフェ島にやってきた（テネリフェ島はカナリア諸島最大の島）。だが，夢にまでみた島の探検は，コレラを恐れた当局が上陸を禁じたため，あきらめなければならなかった。さらに10日航海をつづけ，ビーグル号はようやくカーボベルデ諸島のひとつ，サンチアゴ島のプライア港に入港した。航海中，熱心に『地質学原理』を読んでいたダーウィンは，自分の目でこの火山島を見て，ライエルの理論がたいへん有用なことを知った。彼の観察によれば，この島はまず隆起し，その後，火口付近が《少しずつ》沈降

⇩ダーウィンの六分儀（天体の高度を測定する携帯用の器械）

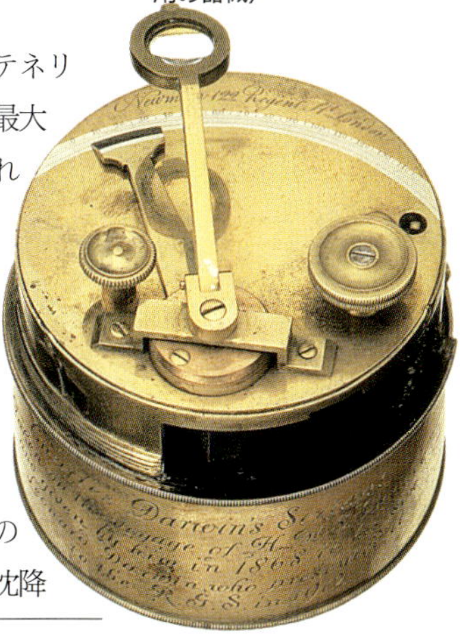

150° W
120° W
90° W
60° W
30° W
0°
北極圏
1831.12.27発
1836.10.2着
45° N
アゾレス諸島
(1836.9.20〜24)
北アメリカ
太西洋
カナリア諸島
北回帰線
カーボベルデ諸島
(1832.1.16
1836.8.31)
ガラパゴス諸島
(1835.9.16〜10.20)
赤道
南アメリカ
バイア
(1832.2.29)
(1836.8.1〜6)
アセンション島
(1836.7.19〜23)
タヒチ
(1835.11)
カヤオ
(1835.7.19
〜9.6)
南回帰線
セントヘレナ島
(1836.7.8〜14)
リオデジャネイロ
(832.4.4
〜7.5)
パルパライソ
(1834.7.23)
太平洋
モンテビデオ
(1832.7.26
〜8.19)
45° S
太西洋
プエルト・デセアド
マゼラン海峡
ティエラ・デル・フエゴ
ホーン岬
フォークランド諸島
(1833.3〜1834.3)
0
2 500 km
南極圏

「ビーグル号の航海は，わたしの人生でとほうもなく重要な事件であり，わたしの全経歴を決定した。(…)わたしはこの航海ではじめて本当の意味で精神を培われ，鍛えられたのだと思う。おかげで博物学の諸分野に熱中するようになり，ずいぶん観察力がついた（もっともその時までに適度習熟をしていたが）。だが，頭を働かせるという意味でずっと重要だったのは，訪れたすべての土地で地質を調べたことである。新しい地域をはじめて調べるとき，岩ばかりがごろごろしているとお先真っ暗な気持ちになるが，多くの地点で岩石や化石の性質や層理［地層の断面の縞目］に注意し，他の場所ではどうだろうと推測，予測するようにしていると，やがて光が射しこんできて，全体の構造が多少なりともわかってくる」（『自伝』）

してできたに違いなく，そうした地殻の動きは，プラスとマイナスでつりあいをとるという一般的な相殺の法則で説明できるように思えた。

2月に立ち寄ったセント・ポール岩礁でも，フェルナンド・デ・ノローニャ島でも，ダーウィンは島のなりたちに注目した。彼は行く先々で，その土地の地質，気候，動植物，住民を注意ぶかく観察し，海の大気にふくまれる細かい塵から（その標本はドイツの滴虫類専門家エーレンベルクに送られた），栽培植物，飼養動物，住民の暮らしの細部にいたるまで，すべてを集め，調べ，書きとめた［滴虫類は今日の分類では原生動物に含まれる］。

ブラジル

1832年2月29日，ビーグル号はブラジルのバイアに到着した。次の寄港地はリオ・デ・ジャネイロで，そこからダーウィンは，4月8日から23日まで内地旅行にでかけ，強烈な色彩にいろどられた熱帯の風景に魅せられながら，鳥，寄生植物，蘭，主要産物のコーヒー，飼料や主食として栽培されているキャッサバ，家畜の群，食事，蔓《つる》植物，木生シダに目をとめた。昆虫採集をし，プラナリアの観察もした。ある種の甲虫がある種のスッポンタケの臭いに引きつけられるという，種は異なるがイギリスでも見たことのある現象にも興味をそそられた。

だが彼は，奴隷にたいする酷い仕打ちからも目を離すことができなかった。このとき覚えた深い嫌悪感を，彼は終生もち続けることになる。ダーウィンにとって，人間を家畜扱いすることは，この上なく恥ずべき行いだった。

↘奴隷の虐待（版画）

「もう少しでわたしは奴隷制を敷いている国でしか起こりえない極悪非道な行為を目にするところだった。原因は喧嘩と訴訟だったが，地主が男の奴隷の妻子を全員呼び集め，リオの公営競売所で離ればなれにして売ろうとしていたのだ。結局そうしなかったのは自分の利益のためであり，憐みからでも何でもなかった。

（……）ここでわたしは短いエピソードを紹介しなければならない。ごくありふれた話だが，他のどんなに残酷な話よりも強く当時のわたしを打ったのだ。わたしは一人の黒人と船で川を渡っていた。その男は並はずれて頭が悪かった。わたしは何とかわからせようと，大きな声を出し，身ぶり手ぶりをしていたが，そのうちふとわたしの手が男の顔をかすめた。男の方ではおそらく，わたしが怒って手を挙げようとしたと思ったのだろう，たちまちおびえた目つきになって，半分目を閉じ，両手を垂れた。このときわたしが感じた驚愕と，嫌悪と，恥ずかしさは一生忘れられないだろう。頑丈な体つきをした大の男が，目の前で，自分の顔に向けられたと思った一撃から身を守るのさえ恐がっていたのだ」（『ビーグル号航海記』）

ウルグアイとアルゼンチン

ビーグル号は航海をつづけ，７月末，ウルグアイのモンテビデオに投錨した。ここを拠点として，ほぼ１年半の間に数回にわたり，アルゼンチンへ測量旅行が行われることになる。ダーウィンは，バイア・ブランカにほど近いプンタ・アルタで，巨大な化石貧歯類メガテリウム(地上生の大型ナマケモノ)の，歯の１本ついた顎骨を発見した（貧歯類の名は歯が退化していることに由来する。現在の分類ではナマケモノ，アリクイ，アルマジロの３科からなる)。マルドナドでは，鳥類と爬虫類を大量に採集した。大きな齧歯類，カピバラの生態を観察したり，やはり齧歯類のツクツコが，モグラに似て目が見えないことについて考察したりした。内地旅行では，ガウチョ（南アメリカのカウボーイ）と荒々しい生活をともにし，レア（ダチョウ

⇧オニオオハシ――巨大なくちばしは骨質の薄い繊維組織にへだてられた房室でできているので，大きいわりには軽い。
⇦（前頁）ハグロキヌバネドリ
(*Trogon Viridis*)

の仲間。南アメリカ特産）の群れを観察した。植生や気候や文化にも注意をはらった。とりわけ鳥の地理的分布に興味をもち，ある種の鳥が地理的には非常にへだたった場所に生息しているにもかかわらず，外形や行動がよく似ていることに強い印象をうけた。

この間に彼は，ライエルの『地質学原理』の第２巻を受けとった。正確にいうと，ビーグル号が第１回測量を終えてモンテビデオに停泊していた1832年11月14日から27日までの間である。第２巻には，ラマルクの進化論と，それに対するライエルの反論が書かれていた。

不遇の先駆者ラマルク

だがダーウィンがラマルクの真価を知るのはまだ先のことである。ジャン＝バティスト・ラマルクは，1802年に「生物学（biologie）」という用語を造り，気象学に道をひらき，脊椎動物と無脊椎動物をはじめて区別し，無脊椎動物を対象とする古生物学を創始した偉大なナチュラリストで，進化論をとなえたダーウィンの先達の中で最も重要な人物だった。最初は植物学を研究していたが，1779年にフランスの科学アカデミー会員となり，1793年に自然史博物館に入って「昆虫と蠕《ぜん》虫」を扱ううちに無脊椎動物の専門家となった。そして1800年，無脊椎動物の分類によって，進化論者たることを宣言したのである。彼によれば，時と環境の働きかけによって生物の欲求が刺激され，習性が形成される。その結果，能力が伸び，強化され，多様化していく。そして，このように変化した器官や能力は次世代に受けつがれる。つまり，外界の変化が生物欲求と習性に刺激とし

⇩ラマルクの彫像（パリ自然史博物館）――ジャン＝バティスト・ラマルク（1744〜1829）は，進化論を著書の中心テーマとした最初のナチュラリストである。植物学者，動物学者，気象学者，そしてある意味で哲学者でもあった彼は，不変論者キュヴィエの激しい攻撃をうけた。彼の死にさいして書かれたキュヴィエの追悼文には，科学アカデミーさえ受理できなかったほど，非難が色濃く残っていた。ラマルクは1820年に失明したが，二人の娘に助けられて『無脊椎動物誌』７巻を完成させた。貧しかったため，モンパルナス墓地の共同墓穴に埋葬された。

て作用することによって，それに適応するように器官が変わり，ひいては生物，生物集団が変わっていく。こうして滴虫類のようなごく単純な生きものから，人間や哺乳動物のようなきわめて複雑な生きものにいたる長い，枝分かれした道筋ができあがるというのである（革命暦８年の開講の辞）。翌1801年に出た『無脊椎動物の体系』で，ラマルクは化石種の中に現生種に近いものがあることにもとづき，ジョルジュ・キュヴィエの天変地異説を批判した。彼の強力なライバル，キュヴィエは，種そのものは不変であり，「地球の大異変」を機に新しい種が古い種にとって代わったと論じていたのだ。革命暦10年（1802年）の開講の辞でラマルクは，たんに生物を分類して良しとするのではなく，種がどのように形成され，変化し，完成されるかを理解することが必要であると述べた。

　のちにダーウィンがしたように，ラマルクは飼育や栽培が生物の変化をひきおこすという事実に注目し，それを根拠として，自然にはもともとそのような変化を起こす力がそなわ

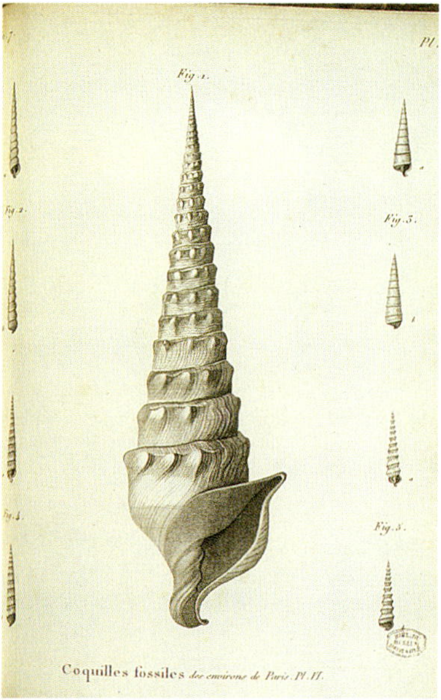

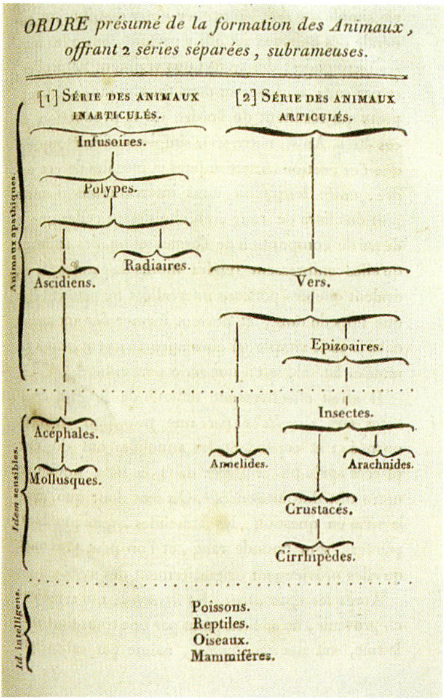

⇩ラマルクの著書の図版。左は貝の化石，右は動物の形成順序の推定図──ラマルクが1815年に『無脊椎動物誌』の中で示したこの図は，1820年，改正・補充された上で系統樹の形にまとめられ，『人間の実証的知識の概体系』に掲載されて，その後，非常に多くの進化論者に用いられた。中段の右から２列目におかれた甲殻類（*Crustacés*）と蔓脚類（*Cirripēdes*）の近さに注目してほしい。この近縁性は約30年後，ダーウィンによって確認された。

っていると結論した。1809年，彼は『動物哲学』を発表し，進化論の原理をさらに総合的な仕方で提示した。頑固で影響力の大きいキュヴィエに攻撃されたラマルクは，失明して貧困のうちに生涯を閉じた。彼が後世に残した学説は，しばしば「用不用説」と「獲得形質の遺伝」の二つに要約される。「用不用説」とは，ある器官をひんぱんに使うとその器官が強くなり，働きもよくなるが，使わなくなると弱くなり，衰退していくというものであり，「獲得形質の遺伝」とは，得たにせよ失ったにせよ，外界の影響で生物個体に生じた変化は遺伝によって次世代に伝えられるという考えである。

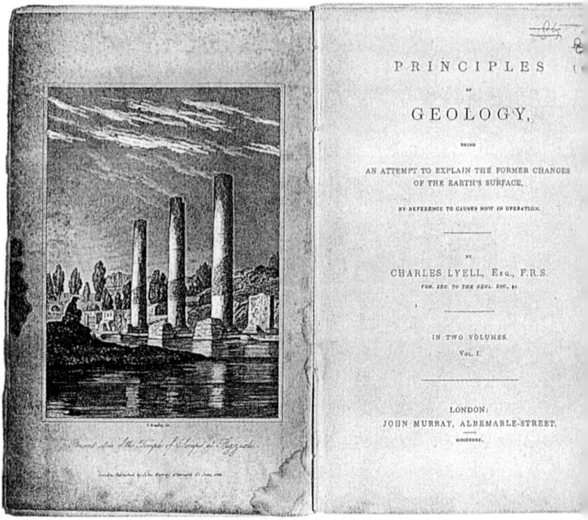
PRINCIPLES
OF
GEOLOGY,
BEING
AN ATTEMPT TO EXPLAIN THE FORMER CHANGES
OF THE EARTH'S SURFACE,
BY REFERENCE TO CAUSES NOW IN OPERATION.
BY
CHARLES LYELL, Esq., F.R.S.
FOR. SEC. TO THE GEOL. SOC., &c.
IN TWO VOLUMES.
VOL. I.
LONDON:
JOHN MURRAY, ALBEMARLE-STREET.
MDCCCXXX.

⇧『地質学原理』第1巻初版の口絵とタイトル頁（1830年）――ダーウィンがモンテビデオで受けとった，有名なラマルクの批判的分析をふくむ第2巻は，1832年に刊行された。

「わたしの信ずるところでは，ライエルほど地質学に貢献した人は，過去から現在まで一人もいない。(……)このことを思い出すと誇らしい気持ちになるのだが，わたしは最初の場所，つまりカーボベルデ諸島のサンチアゴ島で，地質を調べたその時から，他のどんな本に載っていた見方よりも，ライエルの見方のほうがはるかにすぐれていることを確信した」(『自伝』)

ライエルと斉一説

『地質学原理』を書いた頃のライエルは，自分がいつか進化論に考えを改めるなどとは思ってもいなかった。その彼がラマルクの思想を紹介したのは反論のためである。だがその反論は敬意に満ち，彼は反教条主義へ共感以上のものを抱いて賛意にあふれていた。またこの本によって，相当数のイギリス人読者が，種は変わっていくという考えに導かれた。おもしろいことに，この本の第1巻を持っていくようダーウィンに勧めたのは，天変地異説を信じていたヘンズローであり，そのヘンズローは，聖書の言葉をそのまま信ずる謹厳な正統派信者のフィッツロイからこの本を贈られていた。ヘンズローの推薦には助言がついていた。注意深く読みたまえ，ただしそこに書かれた学説はひとことも信じないように。さらにおもしろいのは，同様の行為がこの本を書いたライエル自身によって，ラマルクを紹介しながらその論破を試みるという形でくりかえされていることである。このような紹介がたびかさなったとあっては，ダーウィンも否定的な印象しか受けなかったのではないだろうか。

だが，少なくとも地質学の分野では，ダーウィンはすぐに新しい考えをとりいれた。じっさいライエルは，斉一説《せいいつせつ》という新しい地質学理論の，イギリスにおける第一人者だったのだ。斉一説というのは，ヨーロッパの一部の学者が「アクチュアリズム」,「現在原因」論などと呼んでいた理論を修正したもので，それによれば，地球の変化はキュヴィエや天変地異説派のキリスト教信者がいうような大異変によるのではなく，現在，目に見える形で地学現象を決定している自然の原因が，過去においても同じように作用して地形を変えてきたのだという。このような考えを最初に示したのはドイツのカール・フォン・ホッフとフランスのコンスタン・プレヴォーであり（1820年頃），ライエルはプレヴォーの影響を直接にうけていた。のちにダーウィンは，生命の誕生以来，地球上でくり広げられてきた生物変化のプロセスを知るために，飼育動物や栽培植物における現在の変化を調べることになるが，それもこのアクチュアリズムを適用したものである。

⇩チャールズ・ライエル（1870年頃）——地球規模の大きな変化は，人間にわかるくらいの小さな原因が，長い時間をかけて少しずつ積み重なった結果であるとするライエルの斉一説は，知らないうちに，自然現象を進化論的にいいあらわす下地をつくっていた。セジウィックが恐れていたのはそこであり，1831年から彼はライエルに，そうした思わぬ余波の危険性を警告していた。のちにライエルはダーウィンを助け，しまいにはみずからダーウィンの理論にくみするようになるが，このことからも彼らの学説の間に密接な論理的つながりのあることがわかる。

ティエラ・デル・フエゴの未開人

ライエルの本を受けとったあと，ダーウィンは，アルゼンチン南端のティエラ・デル・フエゴ［マゼラン海峡によって大陸とへだてられた大きな島］を訪れた。ビーグル号は海岸にそって進みながら，1832年12月16日から1833年2月28日までこの地に逗留した。12月18日，上陸した分隊は，岸に集まった先住民たちから，敵意ではなく，驚きをもって迎えられた。ダーウィンは未開人と文明人のへだたりに愕然とした。「それは野獣と家畜の差よりも大きい。何といっても人間の方がより大きな向上能力をもっているのだから」(『ビーグル号航海記』) 驚愕を表現するダーウィンの言葉は，当時，世界一の文明国を自認していたイギリスの，裕福な階級の青年が，大陸の突先の恵まれない土地で原始時代さながらの生活をしていた先住民を，生まれてはじめて目にしたときの言葉である。それはごく自然な自民族中心主義の発露ではあった。このときダーウィンが受けた衝撃は，約40年後に書かれた大著『人間の由来』（1871年）の最終ページにも述べられている。

⇧ビーグル号に乗っていた3人のフエゴ人（左からジェミー・バトン，フエジア・バスケット，ヨーク・ミンスター）——彼らは3年をすごしたイギリスから故郷に帰るところだった。イギリス人の道徳や習慣を身につけ，ほとんど母語を話さなくなっていた。彼らの故郷復帰は失敗に終わった。

「（われわれが到着したという）知らせは夜のうちに広まり，（1833年1月23日の）早朝，別のグループがやってきた。そのうちの数人は鼻血が出るほど息せき切って走り，口から泡が飛ぶほど早口で喋っていた。おまけに黒や白や赤の染料を体中に塗りたくったところは，まるで戦いから帰ってきた悪魔といった格好だった」（『ビーグル号航海記』）

⇙ティエラ・デル・フエゴのビーグル号（水彩。コンラッド・マーテンズ作）

⇩テキーニカ族（ジェミー・バトンの出身部族）の男（版画。コンラッド・マーテンズの原画による）──コンラッド・マーテンズはビーグル号に同乗した画家。

「接岸のむずかしいでこぼこした海岸で，フエゴ人の集団をはじめて見たときの驚きを，わたしは一生忘れない。というのも，そのとき不意にこんな考えが頭に浮かんだのだ。われわれの祖先はきっとこんなふうだったに違いない，と。その人たちは丸裸で，体に絵の具を塗りたくり，伸びほうだいの髪はもつれ，興奮して口から泡を吹いていた。顔つきは野蛮で，おびえ，警戒しているようだった。生活のための技術はほとんど何ももたず，野生動物さながらに，つかまえられるものは何でも食べて暮らしていた。政治組織もなく，自分たちの小部族に属さない者は誰であろうと手ひどい扱いをした。未開人を現地で見たことのある者は，自分の血管にもっと卑しい動物の血が流れていることを認めなければならなくても，あまり不名誉には思うまい」。

　どの本とはいわないが，これまでにあまりにも多くの本が，このくだりや，これに相当する『航海記』のくだりに，ダーウィンの「人種差別」を読みとり，やがては自然選択理論がその根拠となった，などという愚かな解釈を広めてきた。この誤った解釈は旅人の素朴な感想よりよ

ほどたちの悪い影響をおよぼしてきたので，ここではっきりと黒白をつけなくてはならない。なるほどダーウィンは，ナチュラリストとして「人間の文明化」と「動物の家畜化」を対比させている。そしてすでに，双方が潜在的にもっている可能性の差はくらべものにならないほど大きい，という重要な考えも表明している。

なるほど彼は，フエゴ人がみじめな暮らしをいとなみ，産業をもたず，態度が「卑しい」ことをなげかわしく思っている。彼によれば，フエゴ人のしゃべっている言語は「われわれの考えでは」――この限定は注目に値する――ほとんど「分節言語」の名に値しない。

なるほど彼は，フエゴ人がすばらしく人真似（表情，動作，言葉）がうまいことを長々と叙述し，そのあげく，これを「未開人」の一般的特徴と位置づけている。後世の進化論派の人類学者はみな，この特徴をもちいて，猿と，未開人と，子どもと，知恵遅れの人間を――彼らがさまざまな理由で「人間の由来を示す証拠」になるからというので――ひとくくりにまとめたのである。また彼は，フエゴ人が驚いたときの声やしぐさが，動物園のオランウータンのそれとよく似ているとも指摘している。

しかしその一方でダーウィンは，ヨーロッパの文明人の誰一人として，自分の知らない言語で組み立てられた文章を，フエゴ人ほど完璧にくり返すことはできないだろうとも言っている。またフエゴ人のみじめな現状は，辺鄙な場所に住んでいること，気候が悪い（霧深く寒い）ことに起因すると述べている。そして，これは注目すべきことだが，ここではじめて彼は，故郷に還すためにビーグル号に乗せられた３人のフエゴ人を登場

⇩フォークランドオオカミ（*Dusicyon australis*）――フォークランド諸島に生息するこの動物について，『ビーグル号航海の動物記』は「通常のキツネと狼の中間にみえる」と記している。

⇦マレイ海峡（ティエラ・デル・フエゴ）のビーグル号（水彩。コンラッド・マーテンズ作）

「3人のフエゴ人を野蛮な同郷人の中に残さなければならないと思うと，本当に気が重かったが，彼らの方ではまったく不安に思っていず，わたしたちにとってはそれがせめてもの慰めだった。腕っぷしが強く，決断力に富むヨークは，たとえ罠をしかけられても，妻フエジアとともに，まず無事に切り抜けられると思っていた。哀れなジェミーは悲しんでいるようで，もしわたしたちと帰れることになっていたら，とても喜んだにちがいない。彼は兄弟にたくさんの物──前に彼が「コレハナントイイマスカ」と訊ねていたもの──を盗まれていた。ジェミーは同郷人をばかにして，「カレラハ，ナニモシリマセン」と言っていた。そして，それまでは見られなかった侮蔑的な態度で，同郷人を下衆扱いした。彼らはわずか3年を文明人とすごしただけだったが，できることなら喜んで新しい習慣を保ちたかったに違いない。だがそれはできない相談というものだった。それどころか，彼らにとってはヨーロッパ訪問もあまり役に立たなかったのではないだろうか」。

させるのである。3年間イギリスで暮らし，英語をおぼえ，キリスト教徒となり，「文明社会」のさまざまな規則を学んだ彼らは，どんな人間も教育によって，知的・精神的能力を高度に発達させることができるということを，身をもって証明しているのだ。人種差別の原始的な形態は，限られた仲間内でしか感情や心的状態を分かちあわないという，未発達な（自民族中心的な）行動と一体になっている。「文明人」にそれがあらわれるのは，ダーウィンによれば先祖返り，つまり人類の「野蛮な」状態への逆戻り，退行である。なぜなら文明の度合いは共感の広がりに直接比例しているからだ（このテーマは1871年に展開される）。ダーウィンにとって人種差別とは，残忍さと同じく，文明の対極にあるものなのだ。

1833年2月6日，ビーグル号は，ある入り江で3人のフエゴ人とともに下船していた宣教師，リチャード・マシューズを再び乗船させた。マシューズは伝道のためにこの地にとどまる予定だったが，2週間後に船が戻ってみると，先住民に

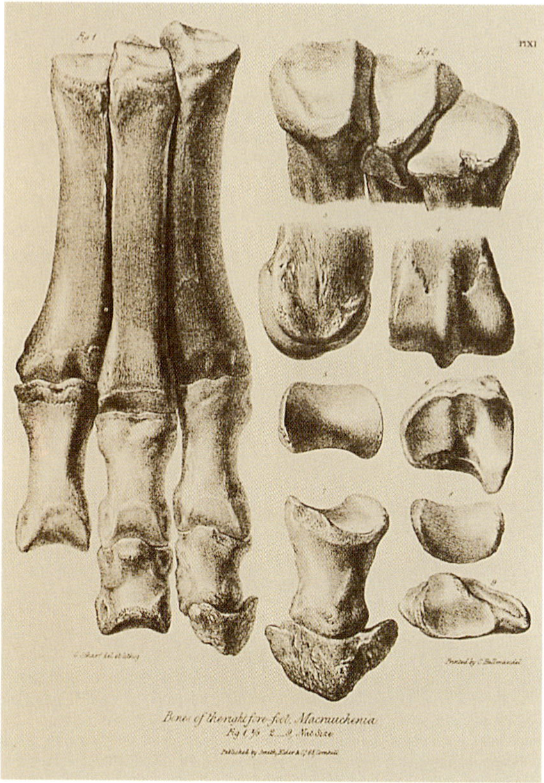

⇧マクラウケニア・パタコニカの頭骨

⇦同右前肢骨——頭骨に欠損部分はない。門歯は退化し，一般にごく小さい。ビーグル号が持ち帰った哺乳類の化石をしらべたオーエンによると，マクラウケニア・パタコニカは「絶滅した大型哺乳類で，厚皮目に分類されるが，反芻動物，とくにラクダと近縁」だという（厚皮目はゾウやサイなどを含む古い分類名）。マクラウケニアとは「大きな頸」という意味である。この動物はリャマやバクとの類縁性を示していた。今日では滑距目（かっきょくもく）（南アメリカ固有の化石有蹄類）に分類されている。滑距目（かっきょくもく）は指が3本で，頭骨の上方，眼窩の間に鼻孔がひとつ空いていることから，ゾウのような鼻（それほど長くはないが）がついていたと考えられたこともある。化石が豊富に産出するので，マクラウケニアが古生物学的に重要な生物である。

身ぐるみ剝がれていたのだ。数日後，ビーグル号は，前年にイギリス領となったフォークランド諸島に向けて出帆した。フォークランド諸島には3月1日から4月6日まで滞在し，それからマルドナドをへて，8月3日にアルゼンチンに到着した。ここでおこなわれた数回の内地旅行で，ダーウィンはすばらしい成果をあげることになる。

アルゼンチンの化石哺乳類

1833年8月末，内地旅行に出かける直前にダーウィンは，プンタ・アルタの砂礫層と赤みがかった泥の中から，メガテリウム，メガロニクス，スケリドテリウム，ミロドンなど，第3紀末期の大型貧歯類の化石を大量に掘り出した。同じ地層に，現生の貝と同じか非常に近い貝類の化石が含まれていたことから,《哺乳類における種の寿命は貝類のそれに劣る》というライエルの法則は正しいように思われた。

5ヶ月後（1834年1月）には，もっと南のパタゴニアの海岸で，海抜約27mの平原の砂礫を覆う赤い泥の堆積から，マクラウケニア・パタコニカという大型獣の骨格を半分掘り出した。これは首が長く，リャマやグアナコと類縁の，ラクダほどの大きさの有蹄類である。骨が発見された場所の奥に，その赤い泥が堆積する前に隆起したとみられる二つの台地があったが，そこに最近の海生貝類の殻が含まれていたことを考えると，この動物はかなり最近まで生存していたに違いなかった。マクラウケニアはグアナコと類縁であり，トクソドンはカピバラと類縁であり，絶滅貧歯類はナマケモノや，アリクイや，アルマジロと類縁である。このように，南アメリカの哺乳類の化石種と現生種の間に，明らかな類縁関係が存

⇩復元された大型化石貧歯類の骨格。左はミロドン，右はメガテリウム——ミロドン・ダーウィニー（オーウェンの命名による）の化石は当時，約44cmの損傷した下顎骨と歯しかなかった。メガテリウム・キュヴィエリの骨格は，頭骨の断片と歯から復元された。

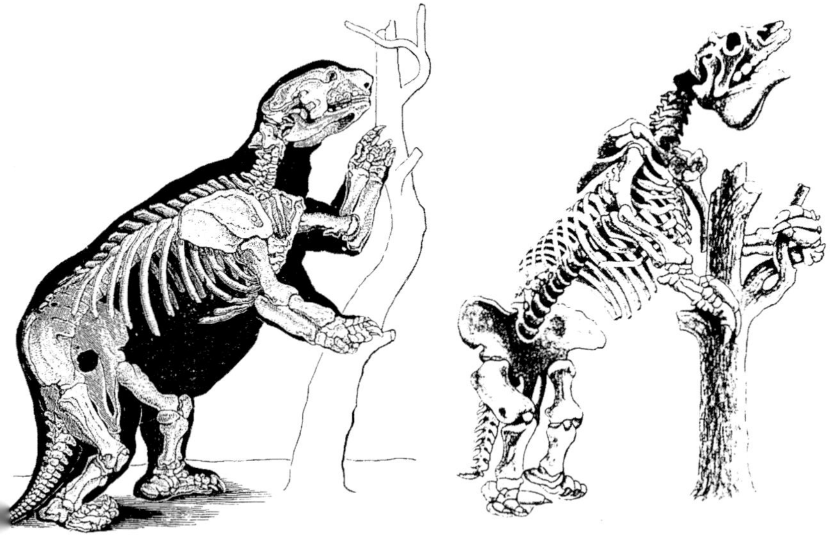

在するのはなぜだろうか。この問題をめぐるダーウィンの考察は，のちに系統学の理論へと発展することになる。『ビーグル号航海記』の中で彼は，化石の状態でみつかった大型動物が絶滅した理由について考え，天変地異説をしりぞけている。なぜなら，これらの動物が天変地異のせいで滅んだのだとしたら，その範囲は非常に広かったに違いないから地球全体が深刻な影響をうけたはずだが，ラプラタ川周辺やパタゴニア地方をじっさいに調べてみると，そのあたりの地質が《漸進的な》変化の結果であることがわかるからだ。さらにダーウィンは，絶滅の前にはかならず種の個体数が減少したはずだと考えた。個体数が少ないことは，その種の生存条件が悪化していることを意味するからだ。これはまたしても漸進説に有利な考えだった。のちに彼が進化の過程を説明するときは，漸進的変化の考えに最も多くの言葉を費やすことになる。漸進的変化の考えとはすなわち，長い間におこったごくわずかな変異が，ゆっくりと段階的に積み重なることによって，気づかれないほど少しずつ，とぎれることなく変化を遂げていくというものである。

⇧（一番上）センザンコウと（下の三つ）アルマジロ（19世紀の版画）──センザンコウは，今では有鱗目に分類されているが，歯がないためかつてはアルマジロと同じ貧歯目に入れられていた。

⇙アルマジロの剥製──1833年，ダーウィンがバイア・ブランカから持ち帰ったもの。

⇨アルゼンチンの３種のヤシ

生物地理学

1833年10月，ダーウィンは，サンタ・フェ・バハダの近くで地質をしらべていたとき，動物の地理的分布の過程，動物相の交代，移住，地理的障壁の役割などの解明に役立つ重要な証拠を発見した。トクソドンとマストドンの歯を数本，ウマの歯の化石を１本掘り出したのだ。彼はとりわけウマの歯に興味をそそられた。コロンブス時代のアメリカにウマがいなかったことを知っていたからだ［現在のウマは，スペイン人によって持ち込まれた］。彼が歯を発見したウマは，のちにオーウェンによってエクウス・クルヴィデンス（「湾曲した歯をもつ馬」の意）と名づけられた。

こうしてアメリカにもかつては原産のウマが棲んでいたことがわかった。これらの発見から，動物の地理的分布や移住に関心をもったダーウィンは，『航海記』の中で，南・北アメリカの動物地理的境界について，きわめて洞察力に富んだ意見をのべている。従来のようにパナマ地峡によってアメリカを北と南に分けるのではなく，メキシコ南部の大高原によって分けることを提案しているのだ。ダーウィンの考えはこう

だった。この大高原が自然の障壁となって，種の移住を阻んだにちがいない。現に，今日のアメリカの動物相は，首尾よく障壁を越えた数種（ピューマ，オポッサム，キンカジュー，ペッカリー）をのぞき，この境界によってはっきりと分かれている。ところが，化石種をしらべてみると，かつてはどちらの地域にも同種の動物がいたことがわかる。ということは，動物の生息地域が現在のように分かれたのはかなり最近のはずであり，そのきっかけはおそらくメキシコ大高原の隆起か，もっと可能性が高いのは西インド諸島の沈降だろう。同様に，ベーリング海峡の両側で，同種のゾウやマストドン，ウマ，中空の角をもつ反芻動物の骨が存在するということは，かつては旧世界と新世界が北アメリカの北西端でつながっていたことを示しているに違いなかった。

⇦ビーグル号の修理
⇧アンデス山系――1834年4月16日，ティエラ・デル・フエゴとフォークランド諸島の航行の後，サンタ・クルス川の河口でビーグル号の船底修理が行われた。このあと一行はチリに向かった。チリに着くとダーウィンの第1回目アンデス越えがおこなわれた。8月14日，彼は「アンデス山麓の地質を調べるために」馬に乗って「壮麗な」景観の中へ入っていった。

アンデス山中で

1834年1月末からは，さまざまな場所を訪れながら6ヶ月の航海が続いた。マゼラン海峡，2度目のティエラ・デル・フエゴ，ビューチーン島，フォークランド諸島，サンタ・クルス川の遡江（このときダーウィンは川と岸の地質を観察し，途中で出会った迷子石——よそから運ばれてきたために，周囲の岩石とは種類の異なる岩塊のこと——について考察した)，グレゴリー岬(ここではフィッツロイが3人のパタゴニア巨人と食事をした)，それからターン岬をへて太平洋に入り，ティエラ・デル・フエゴの西海岸を通り（ここでダーウィンは氷河の地質学的作用について考えた)，チリのチロエ島へ。

こうしてビーグル号は1834年7月23日，チリのバルパライソに到着した。ダーウィンはこのときはじめてアンデスを徒

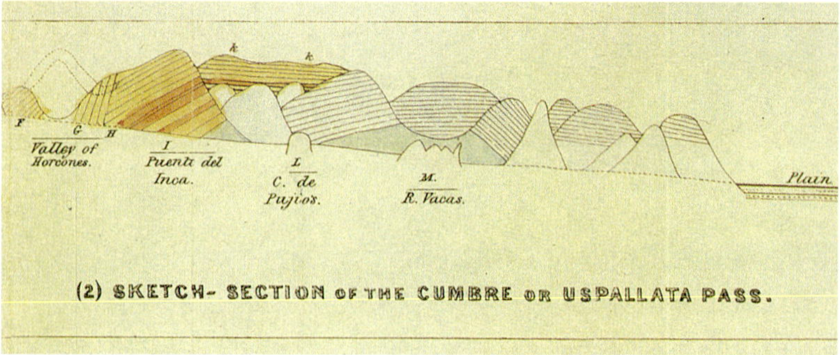

⇧チリの中央山脈の地質断面図（ダーウィン作。1846年発表）——「アンデスの山脈は，あちこちに塔をそなえた城壁に似ている。この城壁がみごとな境界となっているのだ」(『ビーグル号航海記』1834年8月17日)

歩で横断し（1834年8月14日〜9月27日)，再度チロエを訪ね，チョノス諸島に滞在したあと，ふたたびアンデスの山を越えてメンドサまで行き(1835年3月18日〜4月17日)，さいごにコキンボからコピアポまで3回目のアンデス越えをおこなっている(4月27日〜7月4日)。2回目の山越えの1ヶ月ほど前，彼はバルディビアで一帯を襲った大地震に遭い，10日ほど後にはコンセプシオン島で，その生々しい爪痕を観察した。アンデス山中でも，何より地質に注目した。ライエル

⇦地震後のコンセプシオン（1835年。遠景の建物は大聖堂）――「地震が始まったのは午前11時半だった。もし夜中だったら，この地方だけでも数千人にのぼる住民のほとんどが死んでいたにちがいない。結局，犠牲者は百人ばかりですんだ。（……）コンセプシオンでは，元の家並みがすぐにわかるような形で，線状あるいは点状に瓦礫の山ができていた。反対にタルカウアノでは，地震後に押し寄せた津波が退いたときには，あたり一面が混沌としたレンガと瓦と木材の山と化し，倒壊を免れた壁がその中のあちらこちらに立っているという状態だった。（……）地震はどんなに堅固な思想も一瞬でひっくり返してしまう。安定感そのもののシンボルである大地が，われわれの足元で，まるで液体の上におかれた薄い殻のように揺れたのだ」(『ビーグル号航海記』)

の本で頭がいっぱいだったとはいえ，若きダーウィンがこれほど地質にこだわったのは，景観を形成している土地そのものに，全能の時の力があらわれていたからである。

「この山々がどれほどの力で持ち上げられたか，ましてこの巨大な塊の相当部分がどれだけ長い歳月をかけて砕かれ，運び去られ，平らに均されてきたかを考えると，誰でも驚かずにはいられまい。ここでパタゴニアの広大な礫層《れきそう》と堆積層を思い出してみるがよい。あれをぜんぶ山の上に積み上げたら，アンデスは今より何千フィートも高くなるに違いない。わたしはパタゴニアにいたとき，これだけの量を放出してもすっかりなくならない山脈があることに心底驚いたものだった。ここではそんなことに驚いていないで，全能の時の力をもってすれば，巨大なアンデス山脈のすべてを砂礫

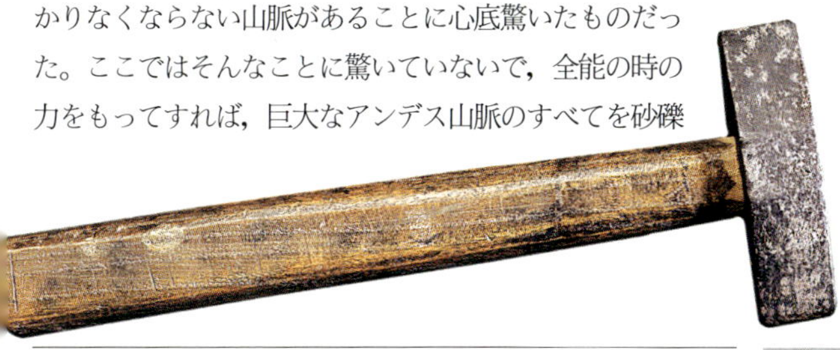

⇦地質調査用ハンマー――ダーウィンが航海中に用いたもの。

と泥に変えてしまえるということを信じるべきなのだ」(『航海記』)

2回目のアンデス越えでは，大きな谷の両側に広がる礫の段丘を観察して，この山脈の形成が漸進的な隆起によるものであることを確信した。生物地理学への関心もあいかわらずで，自然環境を観察しながらさかんに推理を働かせた。じっさい，アンデスのチリ側と東側の谷とでは，気候も土壌もほとんど同じなのに，植物にいちじるしい違いがみとめられた。動物についても同じことがいえそうだった。チリ側では5種しか見つからなかったネズミが，東側では13種も見つかった上に，それらの間にはいかなる類似点もなかったのだ。ここからダーウィンは，現生の動物が出現して以来，アンデスがほぼ絶対的な地理的障壁をなしてきたことに確信をもった。東側の動植物の大部分は，パタゴニアの動植物にたいへん近かった。

このあと，ビーグル号はチリを去ってペルーへ行き，そこに2ヶ月滞在したのちふたたび海へ乗り出した。

⇩サボテンフィンチ——オスは黒く，くちばしは尖っている。このくちばしの形から，サボテンフィンチの採食方式は，くちばしで砕くオオガラパゴスフィンチ（右頁図1番）より，植物に住む虫をつかまえるムシクイフィンチ（同図4番）に近いことがわかる。じっさいサボテンフィンチは，くちばしでサボテンの表面を叩き，それから頭を近づけてサボテンの中から幼虫が逃げる音を聞き，叩いたときに折れたサボテンの棘を使って幼虫をひっぱり出す。

ガラパゴス諸島

1835年9月15日から5週間ほど，ダーウィンはガラパゴス諸島をおとずれた。ガラパゴス諸島は赤道直下にあり，スペイン語で「赤道」を意味するエクアドルの，海岸から約1000km離れた太平洋の火山群島である［ガラパゴスとはスペイン語で「亀」を意味する］。ダーウィンはここで植物や動物，とくに爬虫類と鳥類を研究した。ガラパゴスの生き物たちは，独自の特徴をもちながら，南アメリカとの類縁性も示しており，地質学的にはかなり新しいこの群島が，どのようにしてこのような生物相をもつようになったのか，ダーウ

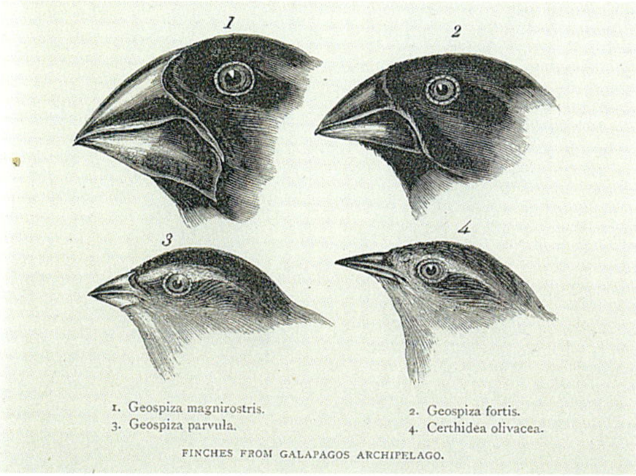

⇦ガラパゴスの「アトリ」4種――ガラパゴスのアトリをくちばしの太さで序列化すると，一番太いオオガラパゴスフィンチ（1番）と一番細いムシクイフィンチ（4番）の間には，もっと多くの種が入る。[フィンチとはスズメ目アトリ科の鳥の総称]。ジョン・グールドの同定に大いに助けられたダーウィンは，1837年5月10日，動物学会で研究報告をおこなった。それは，アメリカ大陸から来た唯一の祖先種が，異なる島々に隔離された状態で環境に適応した結果，島ごとに異なる種が形成された可能性があることを示し，進化論的な動物学に大いに貢献した。

⇩オオガラパゴスフィンチのオスとメス

ィンには謎だった。彼は群島固有の爬虫類（とくに水生と陸生の2種が知られるガラパゴスイグアナ）を解剖し，標本をもちかえったが，のちになって，巨大な陸亀（ガラパゴスゾウガメ）のことももっと調べればよかったと後悔した。ちょうど産卵期にあたっていたのだ。

ガラパゴスの動物はすべて島ごとに異なる特徴をもっていたが，その差異は変種の範囲内におさまるように思われた。少なくとも，わずかな例外を除きガラパゴス諸島にだけ見られる，スズメやアトリほどの大きさの特殊な陸鳥グループについて，ダーウィンはそう考えた。だが，彼の帰国後，標本を研究した鳥類学者のジョン・グールドは，それらを別種と同定し（13種），4つの属に分けた。すなわち，ゲオスピザ属（8種），カマリンクス属（2種），カクトルニス属（2種），ケルティデア属（1種）である。一般にオスは濃い黒，メスは褐色で，体の概形からこれらはアトリの仲間と考えられた。『航海記』の中でダーウィンは，きわめて慎重な言い回しながらも，互いに近縁なこれらの鳥がすべてアメリカ大陸の同一種に由来し，各島で離ればなれに生活しているうちに

（左頁）ガラパゴスゾウガメ（*Geochelone nigra*）――ダーウィンはよくこの巨大な陸亀の背に乗ってみた。その胃の中に，地衣類にまじって一匹のアオムシをみつけたと言っているから（『航海記』），少なくとも一頭は解剖したらしい。また彼は，これらのゾウガメが水場を見つけるのがすばらしくうまいことに驚いている。島には，亀たちによって踏みならされた水場への道が，何本も通っていた。喉の渇いた人が，亀の体内に溜められた水を飲んだこともあったという。

（本頁上）水かきのないガラパゴスリクイグアナ（*Conolophus subcristatus*），（下）ガラパゴスウミイグアナ（*Amblyrhynchus cristatus*）――リクイグアナの尾はまるく，ウミイグアナと違って指に水かきはない。ダーウィンはどちらも解剖した。リクイグアナは地上で生活し，おもにサボテンと汁気の多い果実を食べる。ウミイグアナが食べるのはもっぱら海藻である。ダーウィンは，ウミイグアナが何度水に投げられても，執拗に戻ってくるようすを観察した。ウミイグアナの尾はひらたく，指の一部に水かきがある。

⇧ポリネシアの珊瑚礁——左からモーレアの裾礁，ボラボラの堡礁，ティアロアの環礁。左から順にみていくと，環礁の形成過程がよくわかる。

大きな変異が生じ，とくに生活様式や食性との関係で，くちばしの形と大きさが違ってきたのだろうと推測している。この直観は，グールドの同定により変種だと思っていたものがじつは別種であることが明らかになったこととあいまって，のちに《変種とは生まれつつある種である》という一般命題に発展する（『種の起源』と『栽培植物と飼養動物の変異』）。ダーウィンは，その時は知らなかったが，島における種形成の実例と出会っていたのである。

珊瑚礁の形成

1835年11月9日，ビーグル号はタヒチにむかう途中でデインジェラス列島（別名低諸島《ロウ・アイランズ》）を通過した。ダーウィンはそこではじめて，海面すれすれに礁湖を囲んでいる環礁を観察した。その後，タヒチ，ニュージーランド，オーストラリア，タスマニアを順に訪れた彼は，やがて彼の卓越した科学的洞察力を発揮する機会に恵まれた。1836年4月1日から12日まで，スマトラ島の海岸から

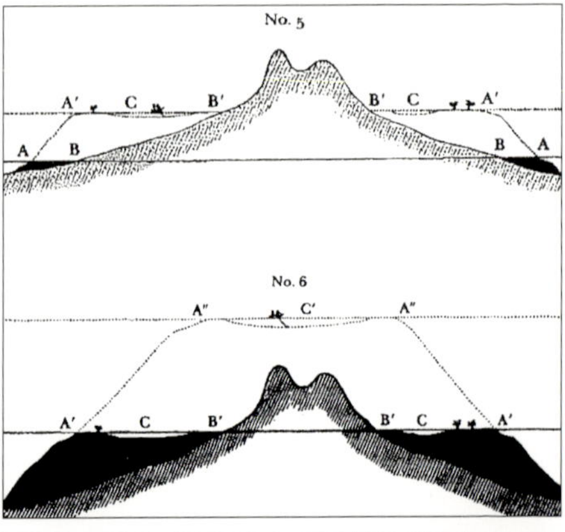

⇩珊瑚礁形成の模式図——ダーウィン著『珊瑚礁の形成と分布』（1842年）に掲載。環礁の基部と壁の部分はサンゴ虫の死骸でできている。サンゴ虫は，生物

965kmほど離れたインド洋のキーリング諸島（別名ココス諸島）で，環礁の形態をしらべることができたのだ。地質学的現象と生物学的現象をむすびつけた彼の研究は，現在，あらゆる珊瑚礁形成理論の土台となっている。

その後，ビーグル号はモーリシャス島，喜望峰，セントヘレナ島，アセンション島をまわり，ふたたびバイアに寄ってから帰路についたものの，悪天候のためペルナンブコ（ブラジル）に避難し，カーボベルデ諸島に寄り，最後にアゾレス諸島で食料を補給したのち，1836年10月2日，ファルマス港に到着した。出港してから5年近い月日がたっていた。この間ダーウィンは航海日誌をつけ続け，船上で起こった大きなできごとや，内地旅行のこと，科学的な観察や考察，ブラジルの原生林やパタゴニアの大平原にたいする感想などを，来る日も来る日も書きつけた。寄港を利用して家族や友人や師に手紙も書いた。最も多くの手紙を受けとったのはヘンズローで，彼のもとには手紙とともに，箱詰めにされた大量の標本が次々と送り届けられた。

旅の成果

帰国したとき，ダーウィンはもはや無名の人ではなかった。航海中にヘンズローやセジウィックと交わした文通のおかげ

学的理由により，海面から数十メートル以上深い所では生きられない（p.61キャプション参照）。ダーウィンは，ライエルのいう地殻の相殺運動をヒントに，珊瑚礁のでき方について次のようなメカニズムを考えた。まず火山島のまわりに裾礁とよばれる珊瑚礁ができる（左図のA-B，B-Aの部分）。島は少しずつ沈んでいく。底の方のサンゴ虫は光が届かなくなって死滅する。かわりに最上部で他のサンゴ虫が増殖する。こうして島の沈降は相殺され，珊瑚礁の大きさが増していく。島がすっかり沈まないうちに均衡状態に達すれば，礁湖（C）によって中央の山頂からへだてられた堡礁《バリアーリーフ》（A'-B'，B'-A'）ができあがる。島が沈んで山頂がみえなくなると，礁湖をとりかこむ環礁（A''）が残る。

で，一人前のナチュラリスト，前途有望な地質学者としてすでに評価されていたのだ。さっそくケンブリッジで多くの友人や師と旧交を温めると，彼は研究にとりかかり，そのかたわら航海日誌の出版を準備し，論文をいくつか仕上げ，航海の科学的成果を発表する出版物を執筆した。

ビーグル号が持ち帰った標本は専門家にゆだねられた。化石哺乳類はリチャード・オーウェンに，現生哺乳類はジョージ・ロバート・ウォーターハウスに，鳥類はジョン・グールドに，魚類はリオナード・ジェニンズに，そして爬虫類はトーマス・ベルに。ヴィクトリア女王が即位した1837年，ダーウィンはロンドン地質学会の会員にえらばれ，翌年２月16日には書記となった。航海の直接的成果を記した学術書は，その後８年余りにわたって断続的に出版された（『ビーグル号航海記』刊行は1839年，『ビーグル号航海の動物学』は1838〜1843年，『ビーグル号航海の地質学』は1842〜1846年）。

旅のもたらしたものは厖大かつ多様だった。そこに含まれるさまざま観察事実や考察は，やがて進化理論の中で結びつけられることになる。まず彼は，斉一理論の正しさを確信していた。火山島の形成も，珊瑚礁の形成も，アメリカ大陸の隆起も，隆起と沈降がバランスをとる地殻の動きも，この理論によって見事に説明できるからだ。こうして彼はつねに時の力を重視するようになり，小さな変化もくり返し積み重なれば大きな効果を上げることを意識するようになった。すべての生物が，生存条件と気候に決定的な影響をうけることも確かだった。生物の地理的分布のようすから考えると，陸でも海でも，孤立状態が障壁として働いているように思えた。同じ地域内で，現生動物と絶滅動物の種がつねに近い関係にあることもわか

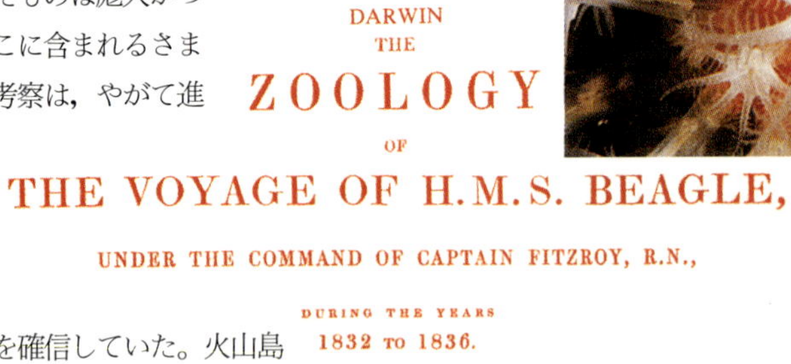
DARWIN
THE
ZOOLOGY
OF
THE VOYAGE OF H.M.S. BEAGLE,
UNDER THE COMMAND OF CAPTAIN FITZROY, R.N.,
DURING THE YEARS
1832 TO 1836.

⇨ガラパゴスのフサカサゴ（*Scorpaena histrio*）——長さの不揃いな背鰭の棘，鼻骨の上の小さな棘，眼窩の上の大きな棘が特徴的である。他にも頭部にさまざまな棘があるが，この絵ではよく見えない。

った。動物を家畜化すると種が変わりやすくなることにも気がついた。輸入植物の気候順化のようすも観察した。人の手が入ると，自然や，自然本来の均衡が変わり，ときには破壊されることにも気がついた。種の絶滅の原因について考え，食物のあることがいかに重要かを認識し，個体数を調節するしくみが存在するだろうことを予感した。種と環境，あるいは隣りあう種と種の間で，現実に相互作用がはたらいていることも見てとった。移住がどのようにして行われるか，どのようにして植物の種子や動物が遠い土地へ運ばれるかについて，仮説も立てた。ガラパゴスでは，直接的証拠はないものの，明らかに適応のなかで起こった種形成の結果も見た。

世界にはさまざまな信仰や風俗習慣があることにも気がついた。未開人の貧しさを身にしみて知ったが，彼らが文明に完璧に

⇦サンゴ虫――サンゴ虫は群体《コロニー》をつくって生活する無脊椎動物である。ポリプの基部は固着し，出芽によって繁殖する（出芽とは，体から生じた小突起が成長して個体となる無性生殖の一形式）。親と子は組織と骨格でつながっている。生物学的には，葉緑素をもっている点が単細胞の藻類と似ており，水深が80m以上になると光合成ができなくなるので死滅する。水温25～27℃，水深30～35mの所で最もよく繁殖する。左写真のサンゴ虫は，ウミトサカの仲間で，造礁性ではないが，写真ではなかなか見ることができないポリプをひらいた状態が美しくとらえられている。

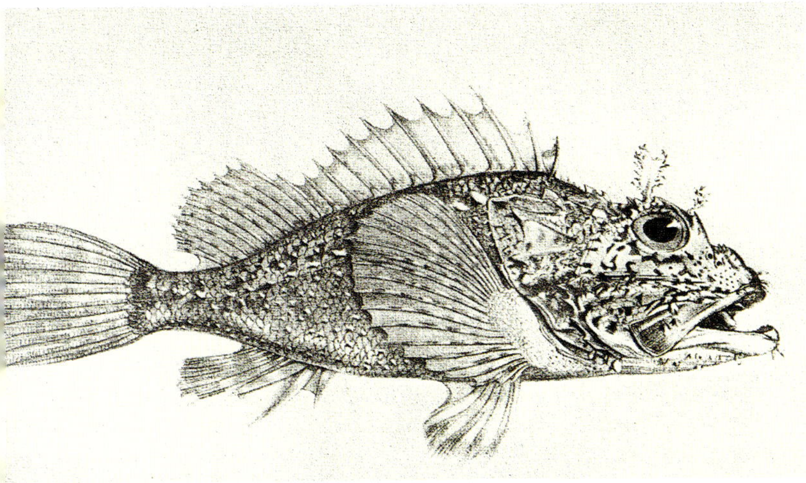

適応できることもわかった。また，奴隷制を敷いている国家が，みずからの卑劣さに目をつぶり，優者の劣者に対する当然の権利だと声高に主張していることを激しく非難した。

1837年5月10日，ダーウィンは動物学会で報告をおこなったが，その根拠となったグールドの分類は，ガラパゴスの「アトリたち」が単なる変種ではなく，正真正銘の別種であることを明らかにしていた。これは進化論に有利な結果だった。

いつの頃からか進化論に傾斜を深めていたダーウィンは，種の「転成（transmutation。ダーウィン自身はevolutionという言葉を使っていない）」について本格的に考えるために，1837年7月，『ノートブック』をつけはじめた［ノートブックBと呼ばれている］。できるだけ多くの事実を集めるために，広汎な読書も開始した。そのかたわら，珊瑚礁についての仕事をまとめ，1842年，『珊瑚礁の構造と分布』というタイトルで，『ビーグル号航海の地質学』第1部として発表した。

⇙トーマス・ロバート・マルサス（1766〜1834）

⇧ダーウィンの手帖，望遠鏡，顕微鏡——競争・淘汰の図式を，マルサスは人口にあてはめた。ダーウィンはこれを動植物の個体数にあてはめ（『種の起源』第3章と『栽培植物と飼養動物の変異』序文），のちにはそれを人間まで拡張した（『人間の由来』第21章）。『人間の由来』では「人間の増え方は通常，食糧の増え方より速い。したがって人間はときに厳しい生存競争にさらされる。この結果，自然選択は，その力のおよぶすべてのものに作用したはずだ」と述べているが，だから産児制

マルサス

1838年9月27日から10月4日までの間に，ダーウィンは決定的な本と出会った。トーマス・ロバート・マルサスの『人口論』である。マルサスは経済学者，

社会学者で，英国教会の牧師だった。彼は社会の進歩にとって必要な条件とは何かを考え，「人口の原理」なるものを見出し，1798年に発表していた。それによれば，人口は急激（幾何級数的）に増えるが，食料は緩慢（算術級数的）にしか増えず，すべての人口を養うことができない。それがもとで周期的に大量死（戦争，飢餓，伝染病）が起こる。だがこうした災厄は，産児制限を（とくに貧困層で）おこなうことによって回避できる，

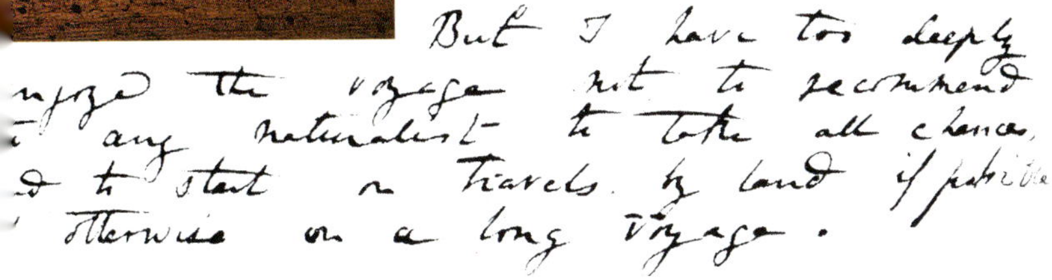

という。ダーウィンは選択説を組み立てるにあたってマルサスの基本理論を利用したが，その社会哲学や押しつけがましい提案はしりぞけた。こうして1842年，ついで44年に進化論の最初の概要を書いたとき，彼の頭の中には次の２つのものが用意されていた。ひとつはさまざまな重要な事実（地理的分布，適応的変異，絶滅，繁殖率，個体数の均衡，飼養・栽培の効果），もうひとつはそれらを結びつけるひとつの原理（競争と淘汰のプロセスが存在する，闘争と選別によって個体数が調節されているという原理）である。

限をおこなうべきだというマルサスの意見には賛成しなかった。そればかりか，マルサスのように社会悪に神の意図をみる解釈（貧困や伝染病は神がつくりだしたもので，その目的は天国の意義を高め，人々にそこに行くことを望ませ，努力させることにあるという解釈）も採らなかったし，進歩の可能性を排除して社会を均衡状態に固定しようという考え方にも反対だった。まして貧者救済の拒否にはもっと反対だった。このことは『人間の由来』第21章にはっきりと書かれている。「だから，人間の増加はたしかに多くの苦しみをもたらすけれども，この自然な増加率を大幅に下げるようなことは，いかなる手段をもってしてもすべきではない」。これを自由競争の主張と取ることもできよう。だがそれは，苦しみを償うことができるかどうかで進歩の度合いが測れる文明への断固たる支持表明でもある。

❖「すべての動物にとてつもない増殖力が秘められており，毎年それが働いていることを考えなければならない。また，無数の種子が，来る年も来る年も，さまざまな巧妙なやり方で地球全体にばらまかれていることを考えなければならない。それでも，ある地域にすむどの生物のパーセンテージも，平均するとほとんど一定していると考えてまず間違いないのである」……………………………………………………

ダーウィン，1844年の概要

第 3 章

選択説の熟成

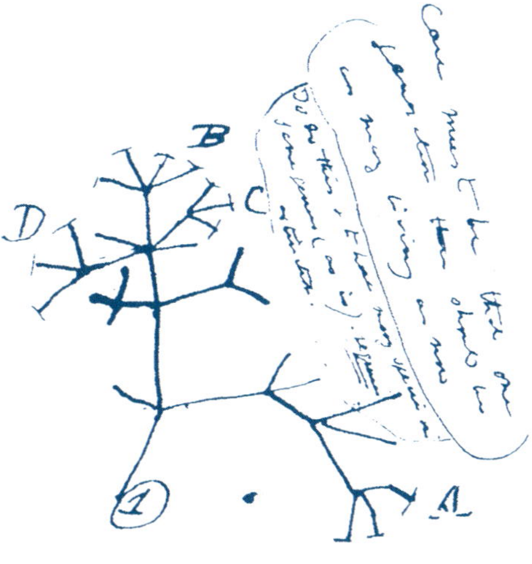

⇦第一子ウィリアム・エラズマス（愛称ドディ）とダーウィン──撮影は1842年夏。ダーウィンはこの子を通して，新生児特有の反応や表現行動を毎日のように観察した。これをもとにした『乳幼児の生物学的スケッチ』は，それから30年あまりも後にようやく出版された。
⇨進化のようすを示す図（1837年，ノートブックBより）──①が祖先種，A、B、C、Dのまとまりはそれぞれ属を形成する。

すべては変異とともに始まる。生物の個体にはときどき変わり種がでる。だがそれだけではない。ダーウィンも前から知っているように，集団の習性，行動，本能も変わることがある。変異は「でたらめに」起こる。つまり，ダーウィンの解釈では，今のところその理由はわからないということだ（彼はこれを，まだ解明されていない遺伝法則のせいにした）。

変異の観察や実験にもっとも適した場所は，園芸家の庭や育種家の囲いである。そこでは，変わり種がでればすぐに見つかり，他から離される。それは除去するためかもしれないし，逆に殖やすためかもしれない。人間からみて何か特別な利点があるときは，その利点をもった個体を残し，繁殖させる。これが「人為選択」である。人為選択では，個体はつねにその生物の外からの評価基準にしたがって淘汰される。

ダーウィンは，生存条件の変化が生物の変化をうながすと考えた。つまり，生存条件が変化すると，生物は生きのびるために新しい適応を余儀なくされ，その結果，それまで多かったのとは別な変異があらわれやすくなる，という。野生の動植物が人の手で育てられるようになるということは，それだけで重大な生存条件の変化をひきおこす。そこでダーウィンは，人間の管理下にある動植物を研究し，栽培や飼養のもとでは（観賞植物や愛玩動物の場合は流行も影響する），自然の状態より著しい変異が速く生じるようになることを示そうとした。というわけで彼は，ビーグル号の航海から帰り（1836年），種の「転成」について最初のノートブックを書き（1837年），マルサスを読むと（1838年）さっそく自説を裏づける事実を集めるため，イギリスの園芸家や育種家

「人間が働きかける最初の変種，それなしには手も足も出ない発端の変種は，生存条件のわずかな変化が原因で生ずるが，そのようなことは自然の状態でもたびたび起こってきたに違いない。したがって人間の試みは壮大な実験だったと言えるのであり，自然はその実験を長い時間の流れの中でたえずおこなってきたのである」（『栽培植物と飼養動物の変異』序文）

⇩（左）車の牽引に適したノルマン馬と（右）戦争や競走に適した北アフリカ原産のバルブ馬。

に質問状を書き送った。

栽培や飼養の場合，先にのべたように，人間は自分にとって有用な変異を選びとる。だが選択される側が自然の生物であることに変わりはない。自然だけが変異を提供するのであって，人間はそれをもとにして，自分の利益のために栽培品種や家畜品種をつくり，育てるにすぎない。このことからダーウィンは，自然も人間と同じような働きかけをしているにちがいないと直観した。ただ，これにかかる時間は人為選択の場合よりはるかに長い。そして，その過程を決定する力は，こんどは生物自身の利益のためにはたらく。生物の生きている環境には明確な特徴があり，食物の量もかぎられている。その環境にうまく適応できるかどうかを評価基準として，生きるための戦い——個体数の自然増加（幾何級数的増加）によって引き起こされる生存競争を含む——を通じ，適応に有利な変異をもった個体が自動的に選別される一方，そうでない個体はふるい落とされる。これが「自然選択」である。

⇧自然選択（サーシャ・ストレルコフ作）——この絵は有名なキリンの首の例にも似て，与えられた環境（乾いた土地では木の上方にしかみずみずしい葉がない）で，有利な変異（身長ののび）がどういう結果をもたらすかを示唆している。もちろんダーウィンの理論では，わずかに有利な小さい変異が少しずつ積み重なっていく過程で，選択によって環境に適応した変化が生みだされるのである。

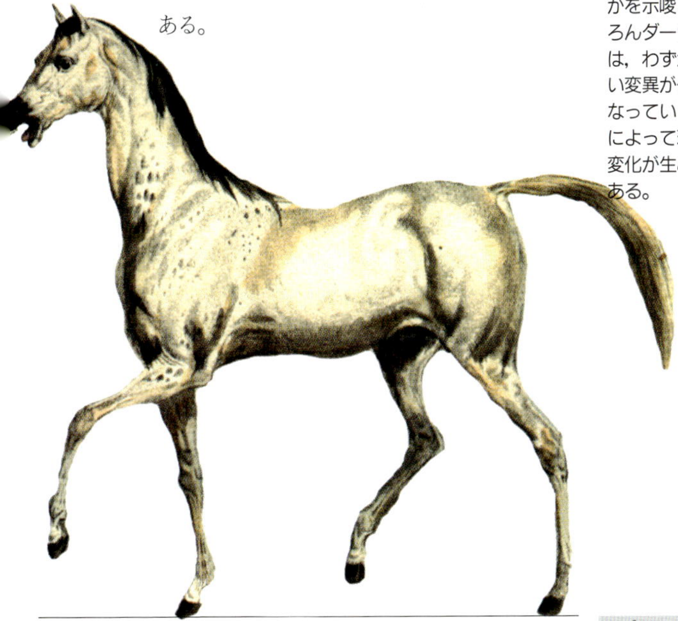

第１の入口（事実１と２）

１．野生であろうとなかろうと，生物の個体には変わり種が出る。（変異の事実）

２．したがって生物にはもともと変異の素質がある。（変異性）

３．人間は，個々の生物をふるいにかけ，繁殖を方向づけることによって，自分の利益となるような変異を選択することができる。（育種の事実）

４．したがって生物にはもともと選択をゆるす素質がある。（被選択性）

問い：それでは自然界では変異の選択がおこなわれているか。

第２の入口（事実３と４）

５．さまざまな種の繁殖率を測定してみると，それらの個体数は無限に増える可能性のあることがわかる。

６．ここから導かれる数学的な法則は，どんな種も繁殖を妨げられなければ急速に増え，どんなに広い場所もたちまち飽和状態に達することを示す。

７．ところが現実にはこのような飽和状態は決してみられず，たくさんの種が同じ領域でバランスのとれた共存状態を保っている。

８．６と７の論理的帰結として，生物の個体数を調節する選別的な機構が存在しなければならない。

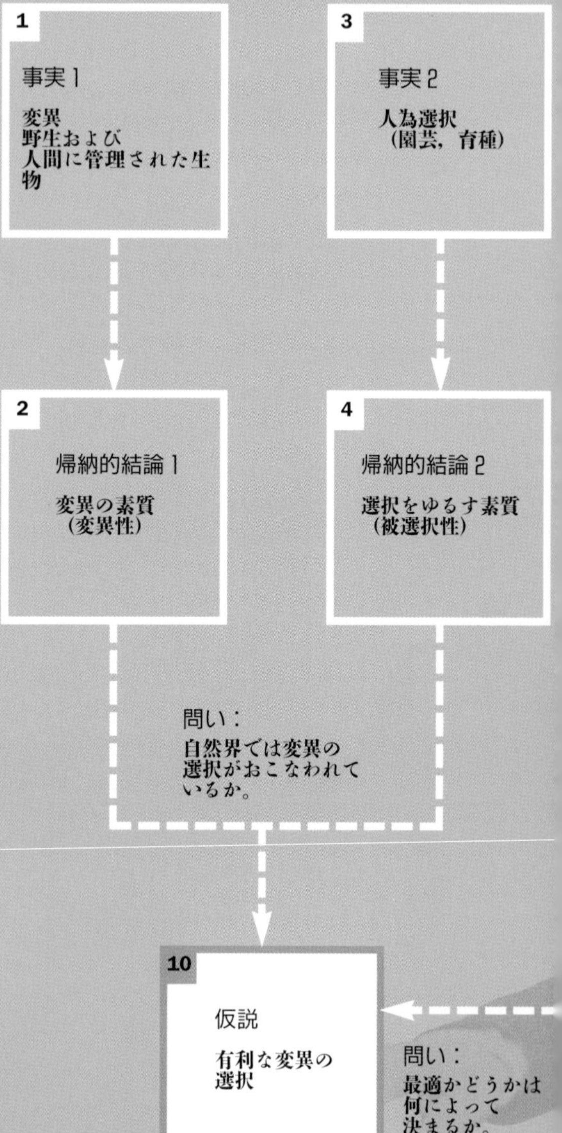

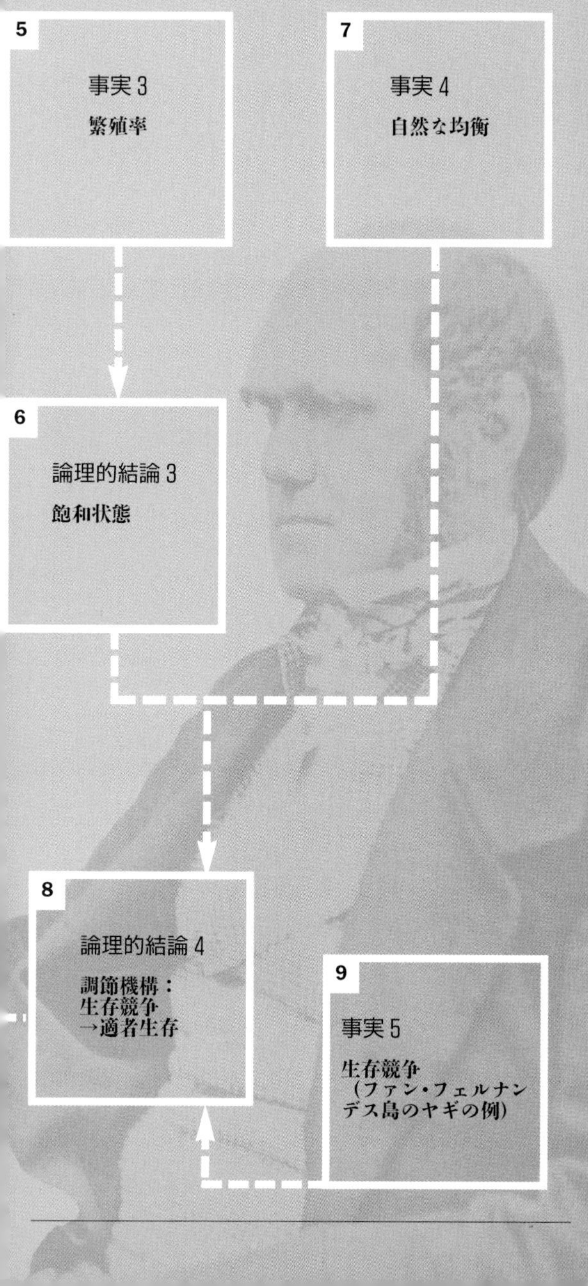

それは生存競争であり，その結果，最適者が生き残る。

問い：最適かどうかは何によって決まるか。

9．さまざまな「自然の」場面で，生存競争と「マルサス流の調節」が働いている例を目にすることができる。（ファン・フェルナンデス島の例を見よ。）

10．二つの問いに同時に答えるために，選択の類推モデルを考えてみると，つぎのような仮説が立てられる。すなわち，自然界では生物自身の利益となるような変異の選択がおこなわれている。

ファン・フェルナンデス島のヤギ

「この島はヤギの天下で，その肉はイギリスの海賊どもの非常食として役立っていた。そこにスペイン人が，イギリス人に痛手をあたえようと，ひとつがいのグレイハウンドを持ち込んだ。グレイハウンドは増え，ヤギは減って岩場へと逃げた。新しい均衡ができあがった。岩場の移動が巧みなヤギと，元気なグレイハウンドが生き残ったのだ」（旅行家ウィリアム・ダンピアの談話。ハレヴィ著『イギリス人の歴史』収録）

研究，結婚，子どもの誕生

1839 年，ダーウィンはロンドンの王立学会《ロイヤル・ソサイティ》の会員に選ばれた。ライエルと頻繁に会い，地質学の問題を論じあった。母方のいとこ，エンマ・ウェッジウッド（ジョサイア 2 世の娘）と結婚し，長男ウィリアム・エラズマスが生まれた。この年はまた，『航海記』が出版されて好評を博した年でもあり，のちに大の親友となるジョゼフ・ドールトン・フッカーと出会った年でもあり（フッカーはまもなく南極へ航海に出た），育種家たちに質問状を送った年でもあった。そして最後に，死ぬまで彼を苦しめた慢性的な病状が目立ってきた年でもあった。これはおそらく「シャガス病」と呼ばれる病気で，南アメリカで吸血虫に咬まれたときに感染したのだろうといわれている。

種についての考察をすすめる間にも，ダーウィンの読書量は増え，分野も広がっていった。ラマルクを読み，祖父エラズマス・ダーウィンを読んだ。自然のに構成《エコノミー》ついてリンネを，生理学についてヨハネス・ミュラーを，表情についてチ

⇧王立学会の会合──ロンドンの王立学会は，最初は小さな「クラブ」として1645年に発足した。ロンドンに拠点を定めたのは1659年で，このとき国のために役に立つという理由でチャールズ 2 世から公認され，それから 3 年後に正式名称が決定した。その使命は，あらゆる分野の研究成果を発表し，意見を交換しあうことで，政治問題や宗教問題を論ずることは禁じられていた。エラズマス・ダーウィンは1716年に会員に選出され，ジョサイア・ウェッジウッドは1783年，ロバート・ウェアリングは1788年に選出された。チャールズの 5 人の息子のうち，ジョージ，フランシス，ホラスの 3 人が会員となった。

ャールズ・ベルを，地質学についてウィリアム・バックランドを読んだ。生殖，本能，哲学，倫理学にも関心をもった。

1841年には長女アン・エリザベスが生まれた。1842年，ダーウィンは珊瑚礁についての著作を発表し，一家はケント州ダウンの「ダウンハウス」（次頁図版）とよばれる田舎の家に引っ越した。９月に次女メアリ・エリナーが生まれたが，10月には死んでしまった。ダーウィンは鉛筆で，覚え書きのような形で，35頁からなる進化論の最初の概要を書きとめた。1843年には三女ヘンリエッタ・エンマが生まれた。フッカーとの交友，変異についての考察，八重咲きの花の研究もはじまった。1844年には地質学会の副会長に選ばれ，230頁からなる２つ目の概要を書いたが，その間に，地質学愛好家で出版業者のロバート・チェインバーズが，匿名で『創造の自然史の痕跡』という進化論の本を出し，科学界から叩かれたために，自説の発表には慎重になった。1845年には次男ジョージ・ハワードが生まれ，1847年には，のちに家族の書簡集を出版することになる四女エリザベス，1848年には三男フランシス，1850年には四男リオナード，1851年には五男ホラスが生まれた。『ビーグル号航海の地質学』は1846年に出版が完了した。ダーウィンはそのあとの８年を，蔓脚類《まんきゃくるい》(フジツボやカメノテの仲間）についての研究論文の作成に捧げることになる。その出版は長女アン・エリザベス（10歳）を亡くした1851年に始まり，1854年に完了した。

⇩エンマ・ダーウィン（1808～1896）――1840年のパステル画。チャールズは献身的な妻に心から感謝し，深い敬意を抱いていた。

⇦ジョゼフ・ドールトン・フッカー（1817～1911）――植物学者のフッカーは，同じく植物学者であった父の跡を継いでキュー王立植物園の園長となった。1839年から1843年まで南極大陸，1847年から1850年まではヒマラヤを探検した。用心深いダーウィンが進化論の考えを最初にうち明けた一人で，1859年10月，『種の起源』出版の直前にその支持者となったようである。ダーウィンは彼を高く評価し，いつでも気持ちよく話を聞いてくれる友人として信頼していた。

⇦（上）庭側からみたダウンハウス――ダーウィン家の子どもたちはみなこの家で幼少時代をすごした。
（下左）窓辺でくつろぐダーウィン家の人々。左からリオナード，ヘンリエッタ，ホラス，エンマ，エリザベス，フランシス，客。
（下右）老馬トミーにまたがったダーウィン。1870年代はじめ。

蔓脚類

蔓脚類は海の節足動物で，固着性の甲殻類のことだが，かつてはまちがって軟体動物（貝の仲間）に分類され（キュヴィエもまちがえていた），長いこと分類学者を迷わせてきた。これにかぎらず分類上の迷いはつねにダーウィンの関心をひいたが，それはそこに，古い類型学や不変論の矛盾と弱さが露呈していたからである。また，生物が生きている間にさま

ざまな形をとるということは，不変性ではなく，変化が生物界の法則であることをものがたっていた。変態，世代交代，一部の生物が成長の時期により，浮動形から固着形へと変わること，植物の運動。これらのテーマがダーウィンの頭から離れなかったのはそのためである。それに，たとえば変態という点で昆虫と甲殻類が共通し，食物の取り方において食虫植物が動物と似ているように，綱《こう》（生物分類上の一段階。哺乳類綱，鳥類綱など）の異なる動物どうし，界の異なる生物（植物と動物）どうしで共通点や類似点がみられるということは，すべての生物が共通の祖先をもち，生物の系統図がかけるという考えを示唆しているように思われた。個人的な事情をいえば，ダーウィンは自分が単に運のいい旅行家にすぎないと思われるのがいやだった。蔓脚類について本格的な論

⇖⇩有柄蔓脚類——（上）カメノテと（下）アネラスマ（外観と断面。ダーウィン画。1851年）

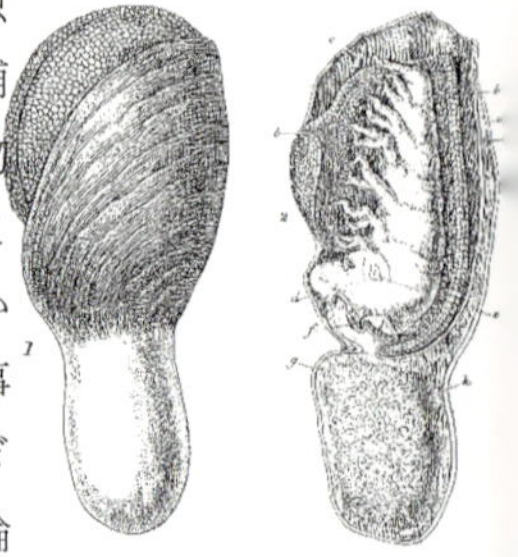

⇦フジツボ

⇩フジツボの外観と断面（ダーウィン，1854年）
――無柄蔓脚類のフジツボは，カメノテなどとは違ってじかに岩礁や船底や貝殻に付着し，開口部に蓋板をもっている。蔓脚類の幼生は水中を自由に泳ぎまわるが，やがて頭部の第１触覚で固着する。成体は移動せず，開口部から伸ばした蔓《つる》状の脚（蔓脚）で水流を起こして食物をとる。蔓脚には繊毛がついている（左写真）。大半の蔓脚類は雌雄同体だが，ある種の蔓脚類には生殖器官しかもたないごく小さなオス（「補助の」オス）がいて，成長した個体（メスまたは雌雄同体の個体）の体内に付着している。

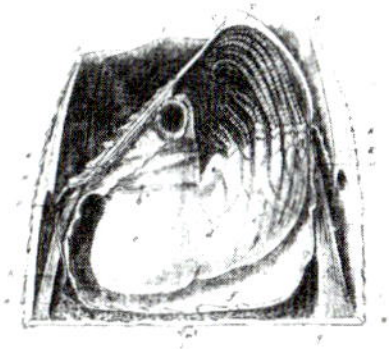

文を書けば，ナチュラリストとしての資格を正式に認めてもらえるだろう。

蔓脚類が甲殻類であることは，水中を遊泳する幼生を研究したジョン・ヴォーン・トムソンによって，1835年に証明されていた。ダーウィンはそれを確認し，現生種と絶滅種を含むすべての蔓脚類を分類した。彼の論文は大好評を博し，とりわけオーウェンに称賛された。

血族結婚の結果

1850 年代の半ば，チャールズとエンマの家族作りは終わった。最後の子どもとなったチャールズ・ウェアリングは２年しか生きられず，進化論が発表された年（1858年）に死んでしまった。20年たらずのうちに10人の子どもが生まれ，３人が夭折した。ダーウィンが近親交配の研究の有用性を力説した理由の一部はそこにある。1850年代半ばは，生物の地理的分布についてのダーウィンの基本的な考察が完成した時期でもあったが，ちょうどその頃，若きアルフレッド・ラッセル・ウォレスも自然選択による系統理論に到達し，進化理論の先取権を主張してもおかしくない状況になっていた。

フェアプレイ

ウォレスはダーウィンより15歳年下である。彼もナチュラリストで，ダーウィンと同じく旅をした（1848～1852年はベイツとともにアマゾンに行き，1854～1862年にはマレー群島に行った）。ダーウィンと同じく，彼も標本を研究し，多くの島をおとずれ，採集物をもち帰った。ダーウィンと同じく，彼も探検記を出版した。ダーウィンと同じく，彼も新しい地質学（ライエル）について考え，生物地理学（フンボルト），人口の法則（マルサス），分類について考えた。そしてダーウィンと同じく，彼も生物の種が，選択という力に押されて，たんなる変異を超えて変わっていくことを理解した。

1855年９月，ウォレスは『新種の導入を決定してきた法則について』という論文を発表した。翌年，ダーウィンは，彼の正当な先取権が奪われることを心配したライエルの強いすすめで，将来『種の起源』となる論文を書きはじめた。

1858年６月18日，ダーウィンのもとにウォレスから別の論文が送られてきた。『変種が原型から無限に遠ざかる傾向について』というもので，進化のメカニズムとして自然選択が論じられていた。

ダーウィンは，ライエルとフッカーの友情に支えられ，ウォレス（当時はマレーシアにいた）の論文と同時発表の形で，1858年７月１日，ロンドンのリンネ学会に自説が提出されることに同意した（彼自身は欠席した）。

ウォレスの反応が懸念されたが，２人とも相手を高く評価していたこと，どちらも高潔な人間だったことがさいわいして，醜い先取権争いは回避された。こうして，敵になりかねなかったウォレスは，ダーウィンの支持者，友人となった。

もっともウォレスは，その卓越した知能にもかかわらず，まもなく交霊術に傾倒し，人間の進化を考える中でふたたび創造主にあいまいな位置をあたえ，ダーウィンをがっかりさせた。

⇦アルフレッド・ラッセル・ウォレス（1823〜1913）――1858年７月，リンネ学会で報告が行われたとき，ウォレスは35歳，ダーウィンは50代に手が届こうとしていた。ダーウィンが進化についてのノートブックBに着手したのは約20年前，最初の概要を書いたのは約15年前だから，先取権がダーウィンにあることは論をまたない。ウォレスはすぐれた生物学者，昆虫学者であり，有能なナチュラリストとしてダーウィンに高く評価されていた。1864年に発表した『人類の起源と，自然選択理論から導かれる人間の古さについて』という論文も，全面的にではないが，ダーウィンから称賛された。だが心霊現象への関心を深めたあげく，人間が心霊的な進化を遂げて，最終的には創造神の設計図に組み込まれるという考えを発表したときは（1869年），ダーウィンははっきりとこれに反対した。ウォレスは馬の品種を改良する育種家と，「もっと気高い目的のために」人間を改良する最高知性を並列に置くことで，人間をある意味で「神の家畜」にしてしまったのだ。

⇦ダーウィンと２人の友（左からフッカー，ライエル，ダーウィン）

VANITY FAIR.
Sept. 30, 1871
No. 152.
MEN OF THE DAY, No. 33.

❖「したがって，われわれの考えうる最も高尚なテーマ，すなわち高等動物の形成は，飢餓や死といった，自然の闘いの直接的な結果なのである」……………………………………

『種の起源』（1859年）最終章，結論

第4章

騒然たる勝利

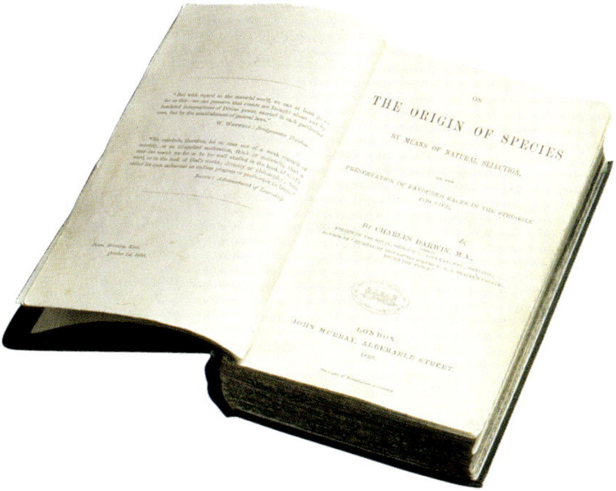

『種の起源』の初版本（右）は1859年11月24日に刊行された。進化論のかなめとなる本で，植物界と動物界の両方において選択説が展開されている。これを人間界に拡張した『人間の由来』は，それから10年余り後の1871年にようやく出版された。左はその年，雑誌『ヴァニティ・フェア』に掲載されたダーウィンの風刺画。

THE ORIGIN OF SPECIES
BY MEANS OF NATURAL SELECTION,

『種の起源』の初版（1250部）は，1859年11月24日にジョン・マレー社から出版され，その日のうちに売り切れた。12月26日，ハックスリーは『タイムズ』紙の書評でこれを称賛した。翌年1月7日には，第2版3000部が出版された。ダーウィンは細部を少しかきかえ，宗教界の批判を先制するために，「造物主」という言葉を入れた考察を最後につけ加えた。反応は騒然たるもので，新理論の支持者と敵対者，図式的にいえば科学界の急進派と保守派が，真っ向から対立した。

『種の起源』は，一般にダーウィンの最も重要な著作と考えられている。なぜならそこには，「自然選択による変化をともなう継承」の理論がしるされ，博物学的な「証拠」があげられているからだ。彼によればすべての種は，選択され次世代に伝えられた適応的変化をたどることによって，ひとつひとつ系統をさかのぼっていくことができる。多くの祖先種が絶滅したため，「中間形」のない種が無数にある。だが生物の地理的分布，痕跡器官，胚の発達，栽培植物や飼養動物（家畜）の交配，分類などを研究してみると，すべての生物に共通の祖先があること，形質が分岐したことはたしかであり，「変種とは生まれつつある種である」との直観は正しいという確信にみちびかれるという。

それでは人間はどうかという問題について，ダーウィンはこの本の中では意図的に沈黙し，次のような予告を述べるにとどまった。「これからの心理学は新しい基盤

『種の起源』はダーウィンの生前に六版を重ね（1859，1860，1861，1866，1869，1872年），最後の第6版が文字通り決定版となった。1859年以降に出た版はすべてダーウィンによって見直され，書き直され，書き足されたからである。彼は起稿から16年をかけて，この本をより良いものにし，さまざまな批判に答えようとしたのだ。ダーウィンはもともと『種の起源』を，自然選択を論じた「大著《ビッグブック》」の「要約」のつもりで書いた。下はそのタイトル。冒頭にアブストラクト（abstract：「要約」の意）の文字がみえる。

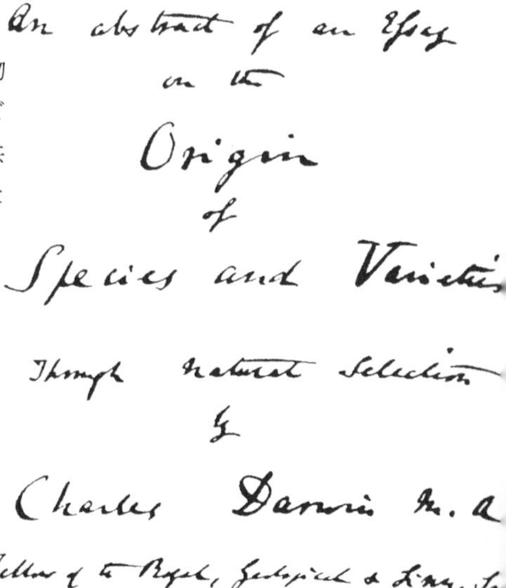
An abstract of an Essay
on the
Origin
of
Species and Varieties
Through natural selection
by
Charles Darwin M.A.
Fellow of the Royal, Geological & Linn. Soc

の上に打ち建てられるだろう。その基盤とはつまり，どの精神的能力も必然的かつ漸進的に獲得されるということである。人間の起源とその歴史に光があてられるだろう」。そして11年余り後に『人間の由来』を発表するまで，彼は人類学の問題について大っぴらに意見をのべることをつつしんだ。

ところがその間に，スペンサーやゴールトンのような人々が彼の代わりに，しばしば彼の名を借りて発言したのである。

⇩トーマス・ヘンリー・ハックスリー（1825〜1895）――「ダーウィンの番犬」とよばれた彼がダーウィンの味方となったのは1860年のことである。ハックスリーはオーウェンに代表される科学界の保守主義と戦った。優秀な解剖学者だったが，自然選択説には懐疑的で，小さな変異の積み重ねよりも突然の飛躍による進化を信じていた。著書『自然界における人間の位置』（1863年）では，人間と類人猿の形態学的・解剖学的な関係を論じた。

偏向その1：スペンサーの進化論

ハーバート・スペンサーは産業時代の元技師で，哲学的進化論の創始者である。彼の進化思想は1860年以降，『総合哲学体系』に発展するとともに，19世紀の末期にかけて世界を席巻した。スペンサーはラマルク主義者であり，ダーウィニズムの重要性は認めていたが，かといって生物界を大局的に理解する上でこの理論に大きな影響を受けたわけではなく，ただそれを社会学に利用しただけだった。彼の打ち建てた「体系」は，いわゆる「進化の原理」を核としている。これは，発生学や物理学からアイデアを借り，現象一般に広く適用したもので，同じようなものの漠とした集まりが，統合と分化によって，異なるものの構造化された状態へと少しずつ移行していくという原理である。

スペンサーは，不適切にも「社会ダーウィニズム」などと呼ばれるようになった社会思想の生みの親である。彼は人間

社会の集団を生物になぞらえ，それに選択・淘汰の原理を乱暴にあてはめた。彼の社会哲学には，競争主義と個人主義を賛美し，国家による規制をみとめず，貧者救済事業であれば何でも反対する極端な自由放任主義の特徴がすべてあらわれている。1876年の『自伝』によれば，ダーウィンはスペンサーの人柄があまり好きではなく，その思想に関心をおぼえることもなかったという。

偏向その2：ゴールトンの優生学

ダーウィンが人類学について沈黙していた時期に，外から選択説を歪ませた思想がもうひとつあった。その担い手は，ダーウィンの年若き従弟，フランシス・ゴールトンである。ゴールトンは生物測定学を考案し，遺伝現象の研究に魅せられた人類学者・統計学者で，エラズマスのような祖先をダーウィンと共有していることを自慢に思っていた。ダーウィンを尊敬していた彼は，選択説を基本的なよりどころとし，これをもとにして1865年頃から，のちに優生学とよばれることになる研究分野を確立した。ゴールトンによれば，自然選択によって，生物の世界には種の多様性と有利な変異の保存が保証されているのだから，人間の社会でも知的資質にかんして同様のことが保証されて良いはずだ。とこ

⇖ハーバート・スペンサー

⇦フランシス・ゴールトン（1822～1911）——彼は著名な思想家の家系を統計学的に研究することに情熱を傾けた。

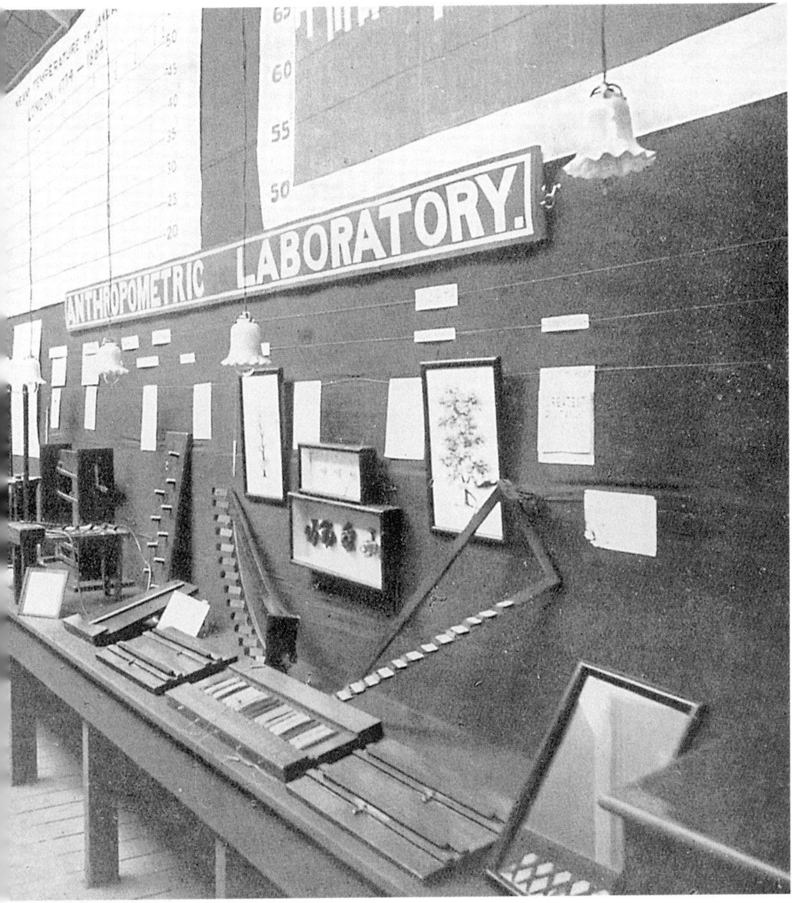

ろが文明が発達したために自然選択の自由な作用がさまたげられ，「できの悪い」人間が生き残り，子孫を増やした結果，社会全体が衰退にむかっている。これを打破するには，人為選択によって欠損を補い，重荷をへらしてやる必要がある，という。ダーウィンはゴールトンの統計学の仕事を高く評価し，『天才と遺伝』(1869年)には興味を示したが，1871年，『人間の由来』のなかで自説の誤った解釈をしりぞけた。

⇧人体測定研究所――この研究所は立案者ゴールトンによって設備が整えられ，ロンドンの科学博物館で開かれた国際健康展覧会の一角で，1844年に公開された。5年におよぶ研究の間，さまざまな家族がここで測定を受けた。

オックスフォードの対決

1860年の夏のはじめ，オックスフォードで，今や伝説と化した英国科学振興会の定例会が開かれた。『種の起源』はすでに第２版が出まわり，ダーウィンはまたしても体の具合が悪く，療養旅行に出かけていた。

６月30日の土曜日，比較解剖学の権威リチャード・オーエンの支援をうけ，自然神学の知識で武装したオックスフォード主教，サミュエル・ウィルバーフォースが，千人近い聴衆を前に論戦の口火を切り，ダーウィンの理論を激しく攻撃した。

彼は品のない屁理屈を冗談めかした言葉でくるみ，フッカーやジョン・ラボックらとともにいたトーマス・ヘンリー・ハックスリーに向かって，猿と血がつながっているとしたら祖母の家系がいいか，それとも祖父の家系がいいかと質問した。これに対してハックスリーは弁舌さわやかに（といっても聴衆全員には聞こえなかったようだが），自然選択説がいかにすぐれた学説であるかを説明して科学に関する相手の無知を糾弾し，これほどの重大問題にそのような頭の使い方しかできない人間の子孫でいるよりは，猿の孫でいる方がましだと締めくくった。物理学者デヴィッド・ブルースターの夫人は失神した。

場内が騒然とする中，今度はフッカーが議長のヘンズローに許可を得て演壇にのぼった（ヘンズローはフッカーの義父で，ダーウィンの恩師。進化論は支持していなかったが，ダーウィンとの交友は続いていた）。フッカーの演説は，日頃のおだやかな物言いからは想像もつかないほど無愛想で，妥協を許さぬものだった。彼は主教がダーウィンの本を厳密な意味で読めたはずはなく，植物学のイロ

⇩サミュエル・ウィルバーフォースとハックスリーの対決──上流社会の説教師であったウィルバーフォース（1805～1873）は，1860年７月，『クォータリー・レヴュー』で『種の起源』を酷評した（ダーウィンはそこにオーエンの意見を読みとった）。

ハも知らないことを立証してみせた。彼の演説は喝采され，会は終了し，さすがの主教も（翌々日，論戦のもようをダーウィンに知らせたフッカーの手紙によれば）黙るよりほかなかった。この会合には，ビーグル号の元艦長フィッツロイも気象学者として出席していたが，彼にしても聖書をふりかざし，旧友がこんな本を出版したことに対して遺憾の意を表明するのがやっとだった。出席者やジャーナリストの主観的な報告が入り交じった結果，オックスフォードのエピソードは伝説と化し，科学と教条主義的宗教の決定的な対決，という見方が定着している。だが冷静に考えると，実はこれは，言論・思想に対する神学的・宗教的な拘束とそれに付随する形而上学的な偏りから，科学が解き放たれた重大事件とみるのが適切だろう。戦いは中途でおわったのであり，科学が過ちを犯したとすれば，それはただひとつ，勝利を決定的と信じ込んだことにあった。

⇧リチャード・オーウェン（1804～1892）――比較解剖学者オーウェンは1856年から大英博物館自然史部門の管理責任者であり，「祖型」の概念にもとづいた「理想主義的な」形態学の主唱者だった。彼の主張によれば，各脊椎動物の骨格は理想の脊椎動物の祖型から派生したもので，生物の多様性を実現するために，変えても差し障りののない二義的な素因を神が操作した結果だという。このことから彼は，自分が最初に生物進化の概念をもったのだと主張して，ダーウィンから皮肉られた。また，人間と類人猿の脳をめぐる論争でハックスリーから徹底的に攻撃された。けっきょく彼は，キュヴィエに代表されるフランスの偉大な解剖学と，ドイツロマン派の新プラトン主義を混ぜ合わせた，根っからの創造論者だったといえる。

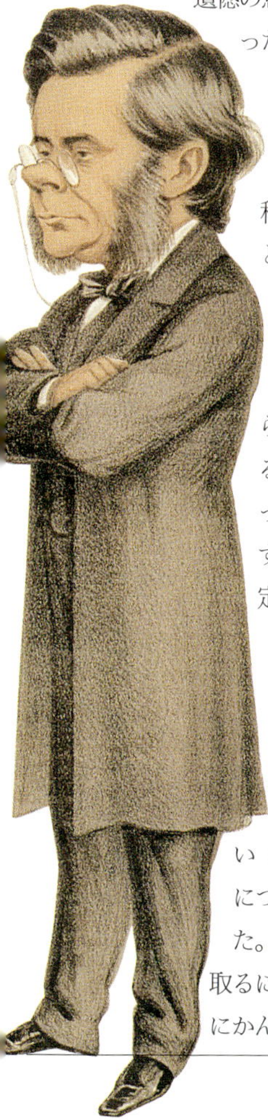

変異と遺伝

1861年から1868年までダーウィンは，『種の起源』の改訂作業をおこない（第3版以降には進化論の先駆者たちについて述べた《歴史的概要《ヒストリカルスケッチ》》を挿入した。この中で彼は細心を期するあまり，取るに足らぬ人まで登場させている），植物にかんする著作を増やす一方で，彼の総合的著作の中で最も長大な『栽培植物と飼養動物の変異』を執筆した。これは『種の起源』の第1章と第2章を発展させたもので，彼自身の観察や無数の文通にもとづく厖大な量の事実が集められている。この中でダーウィンは，気候や養分の直接的な作用が果たす役割についてしらべ，体器官の使用・不使用にともなう効果をしらべ，遺伝の法則をしらべ，栽培・飼養下にある不妊の生物を交配させた結果をしらべ，近親交配をくり返したときに生じる悪い結果をしらべ，選択がどのように行われるかをしらべ，栽培・家畜品種の変化についてしらべた。彼が用いた情報源は無数にあるが，その中にはハトの育種家としての彼自身の経験も入っている。

変異をおこして人間の自由にさせてくれるのは自然である。人間の方はそれがどのように決定されたかわからず，そのため変異を「偶然」のせいにするしかない。人間が介入するといっても，それは自分たちにとって何らかの利点があるような変異に目をとめ，確かな方法でそれを選別し，欲しい形質をもった個体だけを何世代にもわたってかけあわせて，そのような個体の数を増やすだけだ。つまり，このような方向づけを少しずつ積み重ねることによって，栽培・家畜品種が形成され，安定していく。ところが，ガラパゴスの「アトリ」たちは，さまざまな環境の圧力にさらされた自然が，放っておいてもただひとつの共通の祖先種から新しい種をつくりだすことを教えてくれた。そこでかんたんな類推を用いれば，人為的プロセスの働かないところでは，有利な変異こそが進化のための形質分岐の鍵になると考えてよさそうだ。この分岐は自然選択という原動力を利用して，生物自身の利益のために，環境への最良の適応を促進するのである。

この結論はかくべつ目新しいものではなく，1859年に提示された理論が大筋において正しいことを立証しただけだったが，その代わりダーウィンは，生物の体内でおこる遺伝のメカニズムについてひとつの仮説を提出し，それをこの本の新味とした。この仮説は「パンジェネシスについての暫定的仮

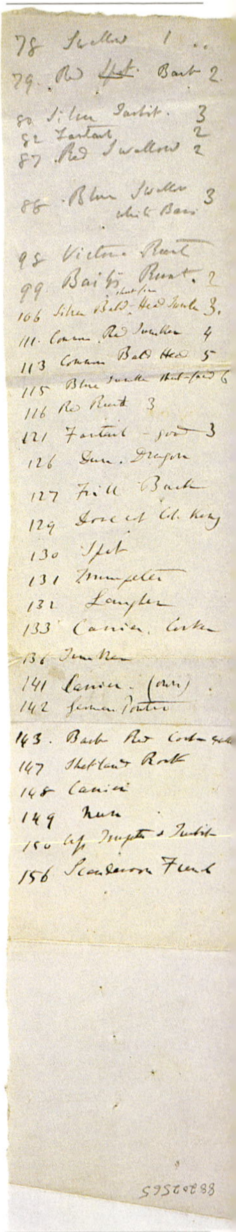

⇦短面有髭宙返りバト《タンブラー》
——「くちばしがきわめて短く，鋭く，円錐形で，鼻孔の上に未発達な帯状の皮があることから，ハト科とはまったく別の科に分類してもよいくらいだ」（『栽培植物と飼養動物の変異』1868年）

（前頁）ダーウィンがリストアップしたハトの品種

説」という題のもとに，第27章と，最後から2番目の章に展開されている。生物の形質が，親から子へどのように伝えられるかを見極めるため，ダーウィンは，身体の各部分の中に目に見えない微粒子（「ジェンミュール」）が無数に含まれていると考えた。これらの微粒子が解剖学的な部位を構成し，その形質をあらわすのだ。ダーウィンによれば，身体の各部からジェンミュールが親和力によって生殖器官に集まり，性因子をかたちづくる。それがやはり親和力によって，もう一方の親からきたジェンミュールと結合するという。この「粒子」説は，子は両親の中間的な形質を示すという混合遺伝や，獲得形質の遺伝の考え方を色濃く残しているが，それと同時に，前世紀，ニュートン力学の影響のもとに遺伝を考察したモーペルテュイやビュフォンの理論とも驚くほどよく似ている。彼らは，ニュートンが粒子間の引力で物理世界を説明したように，生殖「粒子」（あるいは生命粒子）と，それらの間にはたらく化学的な「親和力」で遺伝現象を説明しようとしたのだ。

⇩シレジアン・ポーター
——「わたしが飼っていた鳥では，食道が大きくふくらむと，くちばしはすっかり隠れてしまった。オスは，とくに興奮しているとき，メスより大きくふくらませ，それを得意そうに見せびらかしていた」（同上）

ダーウィンの植物学

植物に関するダーウィンの著作は厖大である。『種の起源』(1859年)や『栽培植物と飼養動物の変異』(1868年)で，多くの項目や章が植物にあてられているほか，植物をテーマにした大きな論が７つもある。彼は典型的な植物学者ではなく(たとえば植物の分類にはあまり興味がなかった)，綿密な研究を重ねるうちに植物の化学や生理学に通じるようになり，夢中で観察と実験をくりかえした。

植物は変異が短期間で起こり，環境を整えればそれをかんたんに増やすことができるため，変化を観察するには（したがって進化論的な解釈には）うってつけの材料である。ダーウィンの着想は単純だった。生物は長い時間をかけて複雑に枝分かれしてきたのであり，全体が大きな類縁性で結びついている。このことを示す不滅の証拠として，植物と動物の間に共通点を見出すことができるというのだ。動物と同じように，植物も一部は人間に育てられ，生存条件（とくに気候）の変化に敏感である。動物と同じように，いやそれ以上に，植物も変異性と被選択性をそなえている。動物と同じように，植物も興奮し，組織を収縮させる。動物と同じように，植物も栄養をとる。狩りをする動物がいるように，わなを張る植物もいる(食虫植物)。動物と同じように，植物も食べ，消化し，排泄する。動物と同じように，植物も眠る。動物と同じように，植物にも性行動があり，自家受粉にせよ，他家受粉にせよ，生殖によって増え，遺伝とかかわっている。動物のよ

⇧ハエトリグサ――茎の下方にある葉は罠でもあり，ハエなどの虫がとまると１秒もしないうちに顎のように閉まる。このように捕食者を思わせる食虫植物のふるまいを知ると，植物と動物の境界がぼやけてくる。

⇩ダーウィンの採集箱

⇦ハエトリグサの原産地は北アメリカ，カロライナ地方の沼地である。ハエが触れると葉の両側がたたまれ，ふちに並んだ棘状の突起が組み合わされる。いったん閉じるとハエが動いている間は決して開かない。われわれがこの植物にとまどい，魅せられるのは，それが幾つかの動きを組み合わせて一瞬の動作をおこなう，動物のような特徴をそなえているからである。

うに，いやそれ以上に植物は交雑（遺伝的に異なる形質をもった個体が交配すること）が可能である。動物と同じように，植物も成長し移動する。動物と同じように，植物も（風や鳥や潮流，最近では人間の技術のおかげで）移住し，移住先の気候に順化する。動物と同じように，植物も自然選択や人為選択の結果，人間に有用だったり心地よかったりする。動物と同じように，植物にも風変わりなものや奇怪なものがある。

植物研究のなかで，ダーウィンは巻きひげや茎や葉の運動をしらべ，受粉のメカニズムをさぐり，授粉昆虫と花との驚くべき共適応を明らかにし，自家受粉した植物にくらべて他家受粉した植物の方が，強くて生殖力もすぐれていることを確かめた。進化の面では有性生殖，つまり交配が有利なこと，それが生物の多様性をうみだすという結論に到達した（生物は多様であるほど適応力が高まり，生き残る可能性が高くなる）。晩年には息子フランシスと共同で，植物の一部を覆って光にあてる実験をくりかえし，植物が先端で光を感じ，それを下方につたえるという現象を発見した（1881年『植物の運動能力』）。

⇩ラン

⇦自然選択によって発達した，目をみはるような擬態の例。左は「攻撃的」擬態の例で，一見マルハナバチがのんびりと花の蜜を集めているようにみえるが，じつはシロアズチグモというヨーロッパ最大のカニグモに捕らえられたところである。クモはマツムシソウの花とそっくりの薄紫色に体の色を変えている。右は「防御的」擬態の例で，黄ばんだ葉と見紛うばかりのアフリカ産のバッタ（*Brycoptera lobata*）。葉脈や虫食いの跡，「傷んだ」縁の変色などをみごとに模倣している。こうして環境の一部になりすまし，できるだけ捕食者の目から逃れようというのだ。（撮影ミシェル・ブラール）

批判に答える

1872年に最終版が出るまで，ダーウィンは『種の起源』の第６章と第９章（最終版の第６、７、10章）で，自説への批判にていねいに答えていった［最終版では第７章に新しい章が挿入されたため，この版の第10章はそれ以前の第９章にあたる］。第一の批判は初版からあるもので，ダーウィン流漸進的変化論への疑問である。もしすべての種が，気づかれないほど小さな変化によって次々と生じてきたのなら，なぜ種と種の違いがこれほどはっきりしているのか，なぜそれらの間に多くの移行形が見られないのか。これに対してダーウィンは次のように答えた。種はもともと輪郭のはっきりしたもので

⇩シーラカンス（*Latimeria chalumnae*）——硬骨魚綱総鰭《そうき》類に属するシーラカンスは，長い間，化石種しか存在しないと思われていたが，1938年，南アフリカのカルムナ川河口で現生種が捕獲された。ひれの基部が骨と筋肉でできているなどの特徴から，総鰭類は四肢動物に近いと考えられていたが，今日では肺魚類（これにはダーウィンも関心をもっていた）の方が，より四肢動物に近いと考えられている。

ある。なぜなら，変種の形成はきわめて緩慢におこなわれ，いつでもどこでも，ごく少数の種が比較的長期にわたって小さな変化をあらわしているにすぎないから。現在と過去では陸地の分布が異なっていたことも考慮しなければならない。過去の方が島が多く，それが新種の形成に重要な役割をはたしたはずだ。一方，ひとつながりの地域に２つの近縁種が隣りあって生息しているときは，せまい境界地域に中間の変種があらわれうるが，個体数が少ないため，選択されるような変異が生じにくく，したがって生き残る可能性は少ない。最

後に，自然選択は絶滅と手をとりあって進むものだ。選択によって優勢になった生物が，近縁の生物や競争関係にある生物を絶滅させ，それらにとって代わる。このため，そうした移行形や中間形が存在していた証拠は，化石の中にしか見出せないが，地質学的記録が不完全なためそれはきわめて難しい。そもそも中間形というと，とかくわれわれは二つの種を足して二で割ったようなものを求めがちだが，これはまちがっている。求めるべきは，それぞれの種と，それらの共通の祖先（それはひとつの種をなしていただろうが今では知られていない）をむすぶ中間形なのだ。地質学的記録が不完全なのは，記録にかんする情報が不足している（標本が乏しい）こともあるが，記録そのものが断片的だからでもある。化石を含む岩層は，沈降期にしか形成されない。ところが沈降は隆起と交互におこるので，記録はどうしても断片的になる。しかも，別の種に変わるのに要する時間が沈降の時間より長ければ，変化のようすは記録されない。長い間には気候も変化し，生物が移住してしまうこともあるが，その場合はのちの変化は記録されない。また，仮にそれらが進化をとげて元の場所に戻ってきたとしても，種と変種の境界は流動的なので，別の種として分類されてしまうことが多い。

このほか，初版には，脊椎動物の目のような複雑な構造をもつ器官が自然選択によってつくられうるのかという問題もとりあげられた。これについてダーウィンは，ごく単純な目

⇩ 始祖鳥（*Archaeopteryx lithographica*）の化石――この化石は1860年にドイツで発見され（学名は1861年，フォン・マイヤーによる），1863年にオーウェンによって記載された。始祖鳥は，進化論者にとって，爬虫類から鳥類への移行をしめす貴重な証拠である。体はハトくらいの大きさで，羽毛と，歯と，鉤爪をもち，骨格の特徴はある種の恐竜に近い。ダーウィンは『種の起源』（第 9 章。ただし第 2 版以降）でこの化石の発見に言及し，『人間の由来』（第 6 章）でその移行形としての価値について触れている。

から複雑な目まで，非常に多くの漸次的な段階が存在し，しかも各段階がそれぞれ持ち主にとって有用なら，自然選択によって高度に複雑な器官はつくられうると述べている。

次の批判は地球の年齢に関係していた。熱力学者のウィリアム・トムソン（1892年にケルヴィン卿となる）が，現在の地球の内部を表面と同じ岩石でできていると仮定して，現在の冷却状態をもとに，地球の年齢を2千万〜2億年とはじきだし，この程度の時間では，ダーウィンのいうような漸進的変化による進化は起こりえないと批判したのだ。これに対してダーウィンは，現在の物理学は地球内部の構成を十分には

知らないと言うにとどまったが，20世紀に入って，ピエール・キュリーとアーネスト・ラザフォードの発見が，あっさりと問題を片づけてくれた。地球内部の放射性元素が熱を出しながら崩壊するため，地球の冷却速度が遅くなっていたのだが，トムソンはこれを知らなかったので，地球の年齢を実際より若く計算していたのだ。

スコットランドの技師フレミング・ジェンキンは，混合遺伝を考えると，一個体に有利な変異がおこっても，交配によってその特徴が薄められてしまうから，自然選択と漸進的変化だけでは太刀打ちできないといってダーウィンに反対し

⇩ウィリアム・トムソン（1824〜1907）――共同研究者のジュールとともに気体の冷却を研究した彼は，熱力学の理論家として大きな業績を残した。彼は熱力学の立場から，生物がここまで進化するのにかかる時間にくらべて，地球の年齢が若すぎることが証明できると思っていた。

た。ダーウィンは必ずしも一個体だけでなく，同時にいくつもの個体が同じ変異を示す可能性があると反論した。ジェンキンの批判も，やはり20世紀に入って，メンデル遺伝学により混合遺伝が否定されたために意味を失った。

最後の批判はセント・ジョージ・マイヴァートという動物学者からのものである。カトリック信者で，オーウェンの友人でもあったマイヴァートは，1871年，多くの例をあげてダーウィンの理論を批判したが，ダーウィンにとって特に重要だと思われたのは次のような論点だった。すなわち，自然選択は構造的に有用な変異を選別するというが，初期の段階でそのような変異を選びとることはできない，なぜならダーウィンのいうように変化が漸進的なものならば，そうした変異は初期の段階ではまだ明らかな有用性に到達していないはずだから，という。これに対してダーウィンは，いま有用な器官は長い無用期間をへて突然その有用性がはっきりしたのではなく，どの段階的変化もそれぞれの種にとって高度に有用だった，という主旨の反論を，マイヴァートのあげた例にそくしてひとつひとつ具体的に展開した。

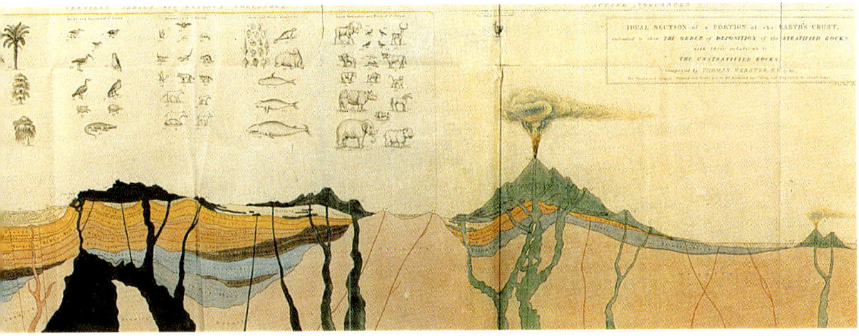

⇩地球の断面（バックランドの著書の図版）――聖職者で地質学者のウィリアム・バックランド(1784～1856)は，ダーウィンが若き日に書記をつとめた地質学会で，２度にわたって会長に就任した(1824年，1840年)。1845年からはウェストミンスターの主席司祭となり，1847年には大英博物館の管理官となった。自然神学を信奉する彼はいつも，聖書に書かれた創造と洪水の記述と，地球科学を何とか折り合わせようとした。1836年には『自然神学との関係で考察された地質学と鉱物学』という著書を書いている。ダーウィンはこの本を1840年に半分読み，1848年にもう一度読んだ。バックランドの聖書寄りの地質学は，ライエルの斉一説という新しい地質学に駆逐されていった。

❖「たしかに生存競争はかつて非常に重要だったし，今でも重要だ。しかし人間の本性の最も高尚な部分にかんしては，それよりもっと重要なものがある。なぜなら，道徳的価値が直接的または間接的に進歩するのは，自然選択のおかげというより，習慣や，思考力や，教育や，宗教などのおかげなのだから。もちろん道徳感覚が発達してきたもとには社会本能があり，これが自然選択によってつくられたことはまちがいないのだが」。……………

『人間の由来』（1871年）第21章

第５章

自然と文明

⇦1881年のチャールズ・ダーウィン

⇨チンパンジー

ダーウィンの人類学は，死の11年前に出版された大著『人間の由来と性に関する選択』に述べられている。以後この本はさまざまな誤解のもとになり，真の理解は20世紀の末まで持ち越された。

性選択，利他性，道徳

『種の起源』で生物の進化を明らかにし，動物と植物にはたらく自然選択によってそれを説明してから11年余り後，ダーウィンはついに人間の問題について口をひらいた（『人間の由来と性選択』，1871年）。

何より大事なのは，人間が動物の系統に属していることをはっきりさせることである。もっと正確にいえば，人間が旧世界の狭鼻猿類と共通の祖先をもっていることを示すこと，つまり，教会の最後の砦と戦って，進化論の適用範囲をヒトという種にまで広げることだ。と同時に，人類の進化を説明し，自然選択がヒトの生物学的歴史にも作用してきたことを示さなければならない。しかも，それでいて，弱者を根絶するのではなく，弱者を保護する人間の「文明」が，そのあり方自体変わりうる，つまり進化しつつある自然選択によって選びとられたものであり，その結果，選択プロセスにふくまれていた弱肉強食的な側面と対立することを示さなければならない。

⇧猿と会話するダーウィン（風刺画。1861年）
――猿と人間の近縁性は風刺画の恰好のテーマとなり，猿を人間に見立てたものや，ダーウィンを猿に見立てたものがたくさん描かれた。人間と猿は形態解剖学的な構造が似ているばかりか，本能や，社会組織や，行動もよく似ており，なかでも重要な進化要因である模倣，知的能力，習得能力，相互援助などが共通している。

自然選択が選びとるのは体構造の変異ばかりではない。本能も自然選択の対象である。動物の進化過程で選びとられた「社会本能」は，知能と結合して，人間において最も高い段階に到達した。人間社会では，道徳感情や利他的な感情が，かぎりなく大きな影響力をもつようになっている。選択された社会本能は，知能と手をたずさえて反選択的行動をおしすすめることにより，人類の進化の歴史を変えてきた。反選択的行動の例としては，道徳教育，病人や障害者の世話，身体的欠陥や精神的能力のうめあわせ，障害を

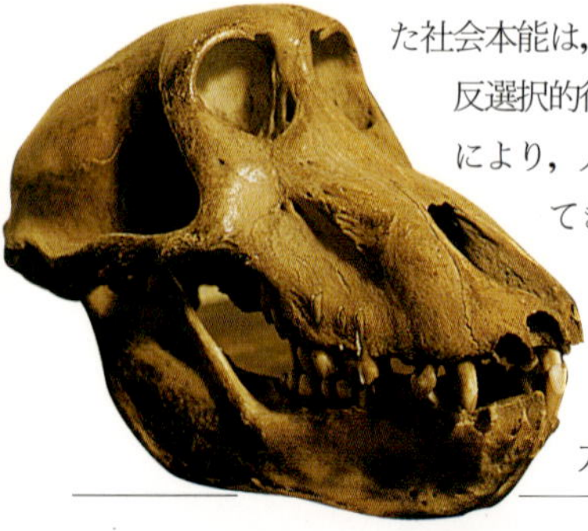

⇦猿の頭骨（ダーウィン所蔵）

⇧遠縁の「親戚」を訪ねる女性たち（1871年）──ダーウィンは女性蔑視で女性差別主義者だと思い込まれているが，実はそうではない。多くの社会で女性の地位が低いことを進化論的に説明したのは事実だが，社会本能（母性愛，弱者の庇護）の原型をあずかる女性こそが，人類の倫理的将来の担い手であることを明言している。

不利な条件としないための配慮，救助や援助の制度化，恵まれない人々に便宜をはかるための社会的介入などがあげられる。この緩やかな逆転を，われわれは「進化の裏返し効果」（トール。1983年）と呼んできた（p.112キャプション参照）。一言でいうと《自然選択は，社会本能を選びとった結果，文明という，自然選択に反するものを選択した》のだ。そこから得られた利点は生物学的レベルにとどまらない。それは「社会的な」利点となった。裏返し効果は，現実には連続しているのに，あたかも断絶を跳びこえたような効果をつくりだす。これが，ダーウィンの唯物論的連続主義によって自然と文明の関係を考えるときの，最も重要な手がかりである。

利他性，つまり自己を犠牲にして他者を利する行動への最初のベクトルは，交尾本能，生殖本能である。動物では多くの種に，交尾にさきだち求愛行動がみられるが，このときオスは，ときに体の自由もきかないほど過剰な性的特徴（角《つの》や飾り羽など）を負わされる。それらは戦いに使われたり，メスの誘惑に用いられたりもするが，ようするに，配偶者を得て子をつくろうとしているメスに自分を選んでもらうのがその目的だ。ところが，これらの飾りは死の危険をともなう。美しく重たい飾り羽におおわれた極楽鳥のオスは，確かにとても魅力的ではあるが，ほとんど飛ぶこともできなくなっているため，捕食者の前では大きな危険にさらされる。メスはメスでヒナの世話に明け暮れ，ヒナを守るために我が身を危険にさらすこともある。したがって社会本能は進化の歴史をもち，自己犠牲も場合によってはありうることとしてその中に組み込んできた。それが最も高度に発達したのが人間の道徳である。こうしてダーウィンは，自然の外からいかなる力も借りずに，道徳の系譜をつくりあげた。

⇦極楽鳥の一種，オオフウチョウ（*Paradisea apoda*）のオスとメス——求愛に用いられるオスのみごとな飾り羽は，性選択の過程で強みとしてはたらいてきたが，生存競争の観点からは弱みとしてはたらき，ときには命を落とす原因にもなった。愛の贈り物と，それゆえの死の危険との切迫した関係は，われわれのもっている愛の神話に通じるものがある。

　利他性への最初の動きが受精と結びついているのに対して，社会本能の（したがってずっとのちには道徳の）最初の形態は，メスの特権領域である子育てにあらわれている。ダーウィンは人類について考察しながら，やさしさや思いやりをすなおに表せる女性の方が，道徳的には男性よりまさっていることを強調した。

⇩おびえた猫——「猫はおびえると四肢を精一杯のばし，見ていて可笑しくなるほど背を丸くもたげる。唾を吐き，息を吹き出したり唸ったりする。体中の毛，とくに尻尾の毛を逆立てる」（『情動表現』）

情動の表現

1872年，ダーウィンは『人間と動物の情動表現』を発表した。かつて，創造論者で目的論者のチャールズ・ベル（1774～1842）は，人の顔の筋肉が，人間特有の情緒や道徳感情を表すために特別に創られたと主張していたが（『表情の解剖学と哲学』1806年），ダーウィンは逆に，反応行動や表現動作については動物と人間のあいだに断絶はないことを示し，それらのメカニズムを形づくる原理として次の３つをあげた。

１）有用な習慣の連合――たとえば，動物園で蛇を見ているとき，ガラスのむこうで蛇が突然こちらに跳びかかってくると，我が身の安全は承知していながら，無意識的な動作の連合によって身を引いてしまう。この動作を無理に抑えようとすると，やはり情動表現である緊張の動きをともなうことが多い。

２）反転――ある状況のもとで，いざというときに「役立つ」態度を結集していたのに，とつぜん状況が反転すると，表情もそれにつれて，今度は役立たないにもかかわらず，無意識に反転する。たとえば犬が尾と耳を立て，体をこわばらせて見知らぬ人にうなり声をあげているとする。それが，相手が自分の主人であることに気づいたとたん，尾をたれ，耳をねかせ，体をくねらせて甘えたしぐさをする。これらのしぐさは，愛情や喜びを表しているが，犬にとって直接有用なわけではない。

３）神経系の直接作用――感覚器官が強く刺激されると，意

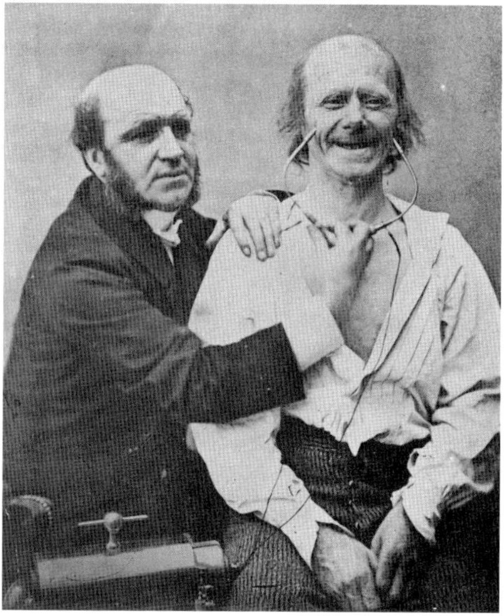

⇩表情の研究――フランス人医師ギヨーム・デュシェンヌ（1806～1875）の著書は，情動表現を研究するための参考文献として重要である。彼の『人の表情のメカニズム』（1862年）には，電気刺激を受けた顔の筋肉のさまざまな収縮運動を示す写真が掲載されている。ダーウィンは自著『人間と動物における情動表現』でそれらの写真を使う許可を得た（上はそのひとつ）。しかしデュシェンヌはチャールズ・ベルと同じく，人間の情動表現を，創造神から託された普遍的な生理学的言語とみなしており，ダーウィンはこれを浅薄な考えだと思っていた。

志や習慣とは無関係に，過剰な神経力が生じてある方向に伝えられるか，あるいは逆に神経力の供給が急に断たれることがある。たとえば激しい怒りで心拍数があがる，恐怖のあまり失神するなど。

ダーウィンの「お気に入りのテーマ」（ウォレスへの手紙）を論じたこのすばらしい著作は，動物心理学と比較行動学の基礎をそれとなく近代進化論の中に位置づけた。こうしてダーウィンは，毎日のように体の不調に苦しみながらも，死の10年前までに厖大な量の仕事をなしとげた。中でも有名な４つの著作（『起源』『変異』『由来』『情動表現』）は，多くの原稿に痕跡を残しながらとうとう書かれずに終わった「大著《ビッグブック》」の主要な柱をなしているかのようである。

⇧『パンチ』の風刺画（1881年）──この絵のダーウィンは，本と鋤を脇に置き，ミミズの作用について考えにふけっているが（前景のミミズの形がクェスチョンマークになっている），今から見ると，間近に迫った死について瞑想しているようでもある。1881年，ダーウィンは『ミミズの作用による肥沃土の形成』の中で，シルチェスターで発掘されたローマ時代の都市の廃墟について論じた。この都市は火事で焼け落ちていたが，焼け跡をミミズが這いまわり，糞塊を地表に運んだため，廃墟は肥沃土に覆われていた。建物が崩壊する間も生物のサイクルは続いていたのだ。

土への視線

1876年，ダーウィンは家族のために『自伝』を執筆した。1879年には，エラズマス・ダーウィンを論じたエルンスト・クラウゼの本の英語版に添えるため，祖父の略伝を書いた。1880年には，植物を扱った最後の論文（『植物の運動能力』）を出版した。翌年，彼は生体解剖の是非をめぐる議論で，動物への配慮を呼びかけながらも，生理学の進歩のために生体実験は不可欠であるとの考えをあきらかにした。この年に出版した最後の著作『ミミズの作用による肥沃土の形成』では，地質学的な長大な時間の中でおこなわれるミミズたちの大事業に光をあてた。ミミズが土壌をリサイクルしていること，土を細かく砕き，空気を入れて耕していること，落葉を分解して腐植をつくっていること，ミミズの砂嚢が砂をすりつぶすこと，大量に排泄される糞塊はくずれやすく，水や風の作用で運ばれていくこと，古い地下道が崩れるために地表に置かれた石が沈むこと。また，ミミズは葉や小石で地下道の入口をふさぐが，そのやり方に知能らしきものが認められることも。地質学に対するダーウィンの深い関心が，この本の底流をなしている。思えば，地質学こそ彼の方法の原点だった。小さな効果の積み重ねによって少しずつ世界を変えてきた巨視的な過程を理解するために，現在進行中の微視的な過程を直接観察するという方法，それを彼はまさに地質学で学んだのだ。

1882年早春，ダーウィンは植物組織にふくまれる化学物質の作用について研究をつづけ，淡水産二枚貝の地理的分散や，動物の行動をしらべた。また，ワイスマンの『進化論講義』や，ヘルマン・ミュラーの『花の受精』の英語版に序文を寄せた。(ワイスマンはネオダーウィニズムの開祖。体細胞と生殖細胞は別系統で，系統として連続しているのは生殖細胞のみとする説を1885年に発表して，獲得形質の遺伝を否定した。ヘルマン・ミュラーは『ダーウィンのために』という有名なダーウィニズム擁護の本を書いたフリッツ・ミュラーの弟である。)

⇙「ミミズ石」──ダーウィンは「ミミズ石」をダウンハウスの芝生に設置し，ミミズの運動にともなう土の動き（とくにもぐる速さ）を測定するのに使っていた。この奇妙な道具は，ダーウィンの息子ホラスが運営する「ケンブリッジ科学器具会社」によって，1929年に復元された。『ミミズの作用』の結論部分で，ダーウィンは次のように述べている。「ヘンゼンは，直径約45cmの大きな瓶に砂をつめて2匹のミミズを入れ，上に落葉を散らしておいた。まもなく落葉は地下通路に引きずり込まれ，深さ約7.5cmまで運ばれた。6週間ほどたつと，厚さ1cmのほぼ均等な砂の層が，2匹のミミズの消化管を通り抜けたおかげで，肥沃土に変わっていた」。つまりミミズの消化活動と排泄によって，肥沃土がつくられているのだ。この実験は，地球環境が生物によってリサイクルされていることを示す典型的な例となっている。

4月19日午後3時半，衰弱したダーウィンはダウンで静かに息をひきとった。彼の遺体は26日，家族と親しい友人，大勢の有名な学者や政治家，いや聖職者にまでつき添われて，ウェストミンスター大聖堂に運ばれ，そこに埋葬された。それはダーウィンの願いではなかったが，熱烈な支持者から敬意ある反対者まで，葬儀に参列した人はみな，科学に尽くした偉大なジェントルマンがこういう形で栄誉に浴することを望んだのだ。一瞬たりともダーウィンは自説が真であることを疑わなかった。だがそれを人に納得させることの難しさは知っていた。彼の苦闘のおかげで，進化が自明の事実であることは，彼の存命中にみとめられた。だが「ダーウィニズム」の自明性がみとめられたのは——そのイメージを歪めたさまざまな思想の残滓がふりはらわれ，力強く複雑なこの思想の独創性が十分に理解されはじめたのは——それから1世紀も後のことだった。

宗教イデオロギーと創世神話に対するダーウィンの戦いは，

⇧晩年，ダーウィンはダウンハウスの客間で，エンマの弾くピアノの音に耳を傾けた。「ソファにすわった優しく美しい妻だけを思い描くこと。それからあたたかい暖炉，本，それにたぶん音楽も」。これは彼が結婚すべきか否かで悩んでいたとき，鉛筆で紙切れに書きつけた文章である。ケンブリッジにいた頃から，ダーウィンは聖歌隊員をやとって下宿で歌わせていた。このように彼は音楽好きだったが，才能もないのになぜ好きなのかは自分でもわからなかった。エンマはダーウィンの夢をかなえた。彼女はまた，目の疲れた夫のために枕元で本を読んでやった。

⇧ダーウィンの葬儀は1882年4月26日にウェストミンスター大聖堂でおこなわれた。ゴールトンが発案し，Xクラブ（ダーウィンを中心とする友人グループ）の会員や，大学や議会の大物が動いて，家族と，宗教界・政界のお偉方を説き伏せ，このような大々的な儀式となったのだ。こうして，神なき科学の大立役者は，心ならずも英国の教会と保守層から最大の栄誉を受けた。

論争による直接対決という形では一度も行われたことがなかった。戦術的にみて，益より害の方が多いと考えたからだ。だがそれは不断の戦いであり，彼自身，信仰に対する見方が変わり，宗教に対する進化論的な見方が深まっていくのと並行して，その戦いは死ぬまで続けられた。

ダーウィンと宗教

ビーグル号に乗船したとき，ダーウィンは二人の無信仰な自由思想家の血をひいていたとはいえ，自分の受けた宗教教育を疑ってみたこともなければ，漠然と牧師になるつもりで勉強していたときに出会った自然神学に疑問を感じたこともなかった。彼は自然界全体がある目的に向かっているように感じ（彼は目的論者だった），すべての生き物が，最高の知性をもった神の設計図にしたがって作られているように感じ（創造論者だった），自然界のすべてが神の摂理を証明しているように感じていた(摂理論者だった)。ただ彼はそれらを理解することを願っており，知性を犠牲にして信仰に走るのは受け入れがたかった。そんな信仰は，知性の挫折の上に築かれた城のようなものだ。

ビーグル号による航海から帰国して，彼は変わった。1837年には，長い地球の歴史を通じて種が変化してきたこと，したがって，神が6日間で天地と生き物を創造したという聖書(『創世記』)の記述はまちがいか嘘だということを確信していた。それ以来，彼はしだいに宗教からはなれていった。もちろん悩みはしたが，後戻りはできなかった。理神論に惹かれたことはあった。これは，教義にしばられずに各人の信仰を重んずる理性宗教で，世界の調和がただ偶然のみによってもたらされたはずはないという考えが信仰の根拠になっている。だが自然選択説はこの問題に別の回答を示した。世界の秩序と均衡を生みだすには，自然に内在するメカニズムだけで足りるというのだ。「こうして不信心はゆっくりと，だがしまいには完全にわたしを打ち負かした」(『自伝』，1876年)。

怒れる神，残酷な神といった考えや奇跡のようなものは，人類が原始的状態にあったときのなごりにすぎないとして退けた(こうして彼は旧約聖書のある部分や，キリスト教道徳に反対した)。彼の考えでは，これらは逆に宗教史そのものを進化的プロセスとみなすよう促しているのだ。神を信じない者が永遠の罰をうけるという考えにも承服できなかった。世界には宗教のない国もあるし，どの民族にもそれぞれ固有の信仰や伝統がある。全能の善き神というが，生き物の苦しみは尽きることがない。不当な苦しみが永遠になくならないという事実には，はなから道徳的意図などもたない自然選択の方が，神の摂理よりよほどしっくりするのではないか。とはいえ，当時は大部分の人がまだ神を信じており，正面切ってそれに逆ら

うと著作が傷つく恐れがあったので，1860年1月の『種の起源』第2版では，形式的処置として，最後の結論部分に「造物主」という言葉を導入した。

外面的には，ダーウィンは不可知論者的な態度をつらぬいた。知性によって把握できないものが現時点で存在することをみとめ，神が存在しないとはあえて言わず，神学的・形而上学的論争には踏み込まず，教会側が科学思想の発展を邪魔しないかぎり対決は避けることにしたのだ。だが内面的には，唯物論者で無信仰だった。彼は動物を観察するうちに，動物が「アニミスト」的な行動をとることまで発見した（アニミズムは，生命のない物体に，その物質的外観を超えた力，すなわち「魂」や「霊」をみとめる）。つまり動物のうちに宗教心の萌芽のようなものがあるのだ。ダーウィンにとって宗教とは，彼の行動をいくぶん規制している道徳と同じく，たんなる進化的事実にすぎなかった。その進化の段階をあとづけることもできるし，啓示によらずともその戒律にはたどりつけるのだ。

⇙老年のエンマ・ダーウィン（1881年撮影）――エンマ・ダーウィンについて，娘のヘンリエッタ・エンマは1915年に次のように書いている。「わたしたちが小さかった頃，母はただ宗教心が篤かっただけではなく（彼女はつねに，言葉の真の意味で，宗教心が篤かった），信ずるものが明確だった。……母はわたしたちといっしょに聖書をよみ，ユニテリアン派のシンプルな信仰箇条を教えてくれた。とはいえ，洗礼と堅心礼はわたしたちも国教会で受けたのだが」。エンマは病身の夫が無神論であることをとても気にしていた。1861年に書いた夫への手紙で，彼女は「すべての苦しみや病気は，わたしたちが精神を高め，未来の生への希望をもって将来を見るのを助けるためにある」という信念を吐露している。

⇖地上の楽園（ヤン・ブリューゲル作）――『創世記』（第1章24-27節）によると，神は天地創造の最後の6日目に，自分に似せて人間をつくり，「それぞれの種に応じて」家畜をつくった。それから（第2章15節）エデンの園に人間を住まわせ，番をさせ，耕させた。

⇦ダウンハウスのベランダと庭——世界を旅した男は，33歳でダウンハウスの定住者となった。まれな訪問とひんぱんな療養旅行のほかは，家を空けることもない彼のもとに，たくさんの著名人が訪ねてきた。ラボック卿は隣人として出入りした。軟体動物の専門家フォーブズ，T.ベル，フッカー，ハックスリー，ライエル，生物学者ロマーニズ（1874年以降），ウォレス，ウォーターハウスは常連だった。ヘンズローは1854年，フィッツロイは1857年におとずれ，生理学者カーペンターは1861年，スイスの解剖学者・発生学者フォン・ケリカーは1862年，ヘッケルは1866年，ロシアの古生物学者コヴァレフスキーは1867年と1870年にやってきた。ベイツ，ブライス，グレイは1868年，アレグザンダー・アガシは1869年，チャールズ・ライトは1872年，ドイツの動物学者ドールンは1873年，元（そして未来の）リベラル派首相グラッドストーンは1876年。スイスの植物学者ド・カンドルは1880年，マルクスの娘婿で，ダーウィニズムとマルキシズムの折衷をはかった自由思想家エイヴリングと，唯物論哲学者ビュヒナーは1881年にこの家をおとずれた。

1882年10月，敬虔な信者であった妻エンマは（ダーウィンは生前，彼女の信仰をつねに尊重していた），『自伝』の中から，無信仰者が永遠の罰をうけるという考えを夫が呪っている箇所を削除した。この部分が孫のノラ・バーロウによって復元されたのは1958年のことである。

自然と文明

現代生物学はダーウィンのおかげでわかりやすくなった。生物はすべて進化の産物なのだから，生物学的現象の多様性と統一性を大局的に理解しようと思えば，まず進化の研究からはじめなければならない。1860年からあった学説への批判と，それに対するダーウィンの答え，ワイスマンとネオダーウィニズム，1900年頃にはじまったメンデル遺伝学の発展と，1930～40年代に出現した総合進化論，そしてこれに対する最近の批判。これらすべてをとりこんで，ダーウィン理論は成長してきた。時には否定されたり危機におちいったりしたこともあったが，生きた学説がおしなべてそうであるように，そのたびに改善され，豊かさをましてきた。

ダーウィン理論は，古生物学，分子生物学，集団遺伝学，現代分類学から確かな裏づけを得，新たな視点も獲得している。創造論者，原理主義者は今でも時々攻撃をしかけてくるし，昔より巧妙になった神秘主義団体，いや教会そのものさえもが，神の摂理によって未来をとらえなおそうとしているが，それでもダーウィン理論が，進化にかんする現代の科学研究で最も偉大な理論的枠組みであることには変わりがない。

もっと広くいえば，『人間の由来』に展開された文明の理論

⇩ヒューゴ・ド・フリース（1848～1935）――オランダの植物学者・細胞学者ド・フリースは，1900年にメンデルの法則を「再発見」した３人のうちのひとりで，獲得形質の遺伝を否定した近代遺伝学の創始者に数えられている（あとの２人はオーストリアの農学者エーリッヒ・チェルマックと，ドイツの植物学者カール・コレンス）。彼は1866年頃，オオマツヨイグサの突然の変化から遺伝法則を発見し，飛躍による進化の理論を考えた。

⇦ダウンハウスの温室で植物をしらべる老ダーウィン

は，社会本能と，共同体の合理性と，道徳感情の起源が同一であることを示し，またそれらが絡みあって進化してきたことを示すことによって，自然と文化の関係，淘汰と弱者救済の関係を，連続的進化の糸を断ち切ることなく結びなおした。ダーウィン人類学の鍵は「進化の裏返し効果」であり，その内容は次の標語に凝縮されている。すなわち《自然選択は，文明という，自然選択に反するものを選択した》。

かつてさまざまなイデオロギーが，強者が弱者を，適者が不適者を，健常者が障害者を，金持ちが貧乏人を，特定の人

種が他の人種を，「文明人」が「未開人」を，「優者」が「劣者」を支配し，抑圧するのはあたりまえだという考えを権威づけようとしてきた。ダーウィン人類学はこれらのイデオロギーに対して粘り強く，ときには激しく反対する。なぜならこの人類学は，まさに，優・劣の概念に固定的なヒエラルキーをみとめないことから始まるからだ。じっさい「優れている」とか「劣っている」というのが，生物の種や個体の本質的・固定的な属性だったら，いかなる進化もありえないだろう。変異の偶然性や環境の変動を考えると，生物学的な利点がそれらと無関係に決まっているとは思えない。とすれば，そういう利点をもった種や個体が無条件に優れているという考えもなりたたなくなる。環境の化学的性質が変わっただけで，それまで少数派だった，いやほとんど無きに等しかった種が，新しい環境における生存・繁栄に適した形質をもっているために優勢になることもあるのだ。だがダーウィンは，すべて

☞メビウスの環を使って進化の裏返し効果を説明してみよう。表と裏の2面がある長方形の帯を，半回転ひねって両端をはりあわせると，面の数は1つになる。もとの長方形の片面を「自然」，反対側の面を「文明」と名づけたとすると，メビウスの環では自然から文明への移動が，飛躍も断絶もなく行われる。ダーウィンの連続説は，単につながっていくのではなく，裏返していくのである。自然から文明への動きは断絶を生みはしないが，「断絶と同じ効果」をつくりだす（なぜなら，とにかく徐々に「向こう側」へは移るのだから）。同様にして次のことも理解できるだろう。文明の科学（人文「社会」科学）は，人間の生物学的「自然」やそれに依拠する事柄と断絶も矛盾もしないが，それでも生物学とは異なる対象や方法をもっているのである。

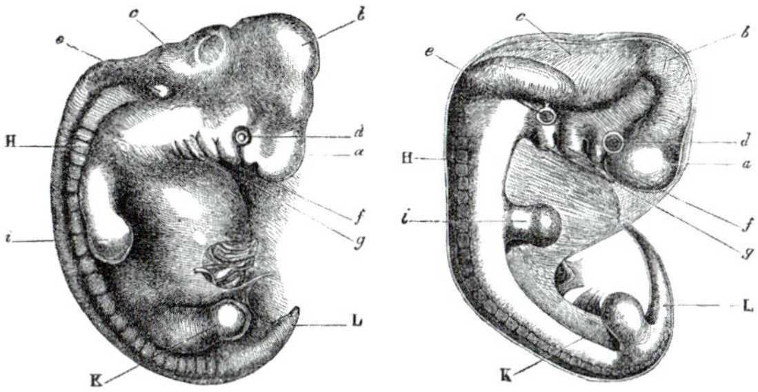

⇦（左）人間の胎児と（右）犬の胎児（『人間の由来』の第１章に掲載）――両者は驚くほど似ており，祖先の近縁性が発達のこの段階に示されている。

のヒエラルキーが相対的で一時的なものにすぎないことに注意をうながしただけではなかった。彼は「社会本能の選択」という単純かつ必然的な考えから出発して，道徳感情の神なき生成理論，つまり「道徳の唯物論的系統学」をうちたてたのだ。この理論は，ただ選択のみを基本的メカニズムとして，自然選択そのもののうちに自己適用の効果があること，つまり選択そのものも選択の対象となることを明らかにした。これによって，彼の進化理論（変化をともなう継承）からみた自然と文明の関係が，はじめて筋の通ったものになった。自然選択は進化の法則または原動力であるだけではなく，それ自体進化しつつある実在であり，したがってみずからも進化の法則にしたがって分岐していくのである。

こうして，生物の歴史において作動してきた選択と同じやり方で（生物の系統樹によると，こうした選択の結果，新しい変種が進化に成功すると，その祖先形は衰退することが多い），今，すこしずつ大きな置き換えがおこっている。つまり，弱者や不適者をふるい落としていたかつての選択にかわって，もっと適応のすすんだ変異性の高い選択，すなわち利他的または連帯的な行動を助長する選択が台頭しつつあるのだ。この置き換えによって少しずつ社会生活の水準が高くなった集団は，弱者救済の行動に適する

⇩最新フランス語版『人間の由来』（1999年）の表紙――チョウの交尾を通して性的二形と性選択を表現している。社会本能だけでなく性的二形と性選択も，一見，自然選択の法則に逆らうような「利他的な」行動を進化させてきた。

ようになっている。これは自然との断絶を意味しない。なぜなら助けあいや協力は（あるいは援助でさえ），ある動物たちにはごくふつうのことであり，そうした行動は当然ながら，すでに進化の上での利点となっているからだ。だが，そうかといって1970年代の社会生物学の平板な連続主義のように，自分に近い遺伝子をできるだけ多く残そうという遺伝子の利己的計算（この場合，個体は無意識のベクトルであるらしい）に従っただけというのでもない。なぜなら救済と援助の倫理は，その原理の強さからいっても，教育を基礎に置く点からいっても，たんなる個体レベル，集団レベル，民族レベルでの利益をはるかに超えており，遺伝的な近さとか遠さとかいうようなことは度外視するからである。

ウィルソンの『社会生物学』（1975年）をきっかけに起こった現代の大論争より百年前，ダーウィンは，自然と文明の関係をめぐる問題で，動物と人間の文化的断絶を説くグループにも，両者の生物学的連続性を説くグループにもくみしなかった。この問題に対するダーウィンの答は（ちなみにこの問題は今でも時々論じられるが，ダーウィンが決定的な答を出してしまったので，もはや論ずる意味はない），生物系統学の将来を考えて生物学的連続説を断固支持してはいるが，その一方で，変異・選択・分岐という簡単なメカニズムをもつ進化が，その中に断絶ではなく「断絶効果」をつくりだす力があることもみとめている。この断絶効果を足場にすれば，人類はいつか，論理的まちがいを犯すことなく，適者が勝ち残り，不適者は淘汰されて不本意な死をとげるという，古い選択方式を阻止することができる。そしてそ

↙子どものまわりにとぐろを巻くメスのオオムカデ

⇦子どもを抱くメスのチンパンジー——動物界では多くの場合，直接的に子どもを世話し保護する役目はメスによって果たされている。ここではそれを明示するために，オオムカデとサルという縁の遠い動物の例をあげた。母性本能，母性愛，という言葉をダーウィンは同じ意味で用いた。これらは弱者保護のおおもとのかたちであり，ダーウィンはそこに社会的利他性と道徳感情の原形を見たのである。

（次頁）ダーウィンの書斎（ダウンハウス）——暖炉の上には三人の肖像がかかっている。1874年にライエル夫人から贈られたライエルの肖像，写真家ジュリア・カメロンから贈られたフッカーの肖像，そしてジョス叔父さんことジョサイア・ウェッジウッドの肖像（写真にはこれだけが見えている)。現在かかっているジョサイア２世の肖像は，1927年にフランシス・ダーウィンから寄贈されたものである。

のかわりに，諸々の道徳律にしたがって（これらの道徳律は，それ以後は教育の項目となって諸機関で運用されるだろう)，文明の核そのものである反選択的行動のシステムを打ち建てることができる。そこにこそ，ありきたりの意味を超えた，倫理的展望のゆたかな真の『自然の弁証法』（弁証法的唯物論による自然認識）があるのだ。

16

資料篇

進化論を読み解く

1 進化の論証

ダーウィンは『種の起源』の中で，変異・選択のメカニズムによる生物の進化を，さまざまな側面から裏づけたいと思っていた。そのために彼は，生物地理学や古生物学のほか，次のような分野に進化論の論拠をもとめた。

A．形態解剖学的論拠

1．型の一致，結合と相同

1844年，２つ目の概要の中で，ダーウィンは次のようにのべている。門《もん》や綱《こう》など，分類の上位にある大きな階級を考えたとき，同じ階級に属する動物たちは，生息年代も気候もさまざまで，環境とのかかわり方にも大きな違いがあるにもにもかかわらず，構造面では一貫して同じ特徴をもっている，そして過去の偉大なナチュラリストたちもこのことを重視してきた，と。とりわけゲーテがそうだったが，その後，エティエンヌ・ジョフロア・サン=ティレールが（1772～1844。），『解剖哲学』（1818年）において，結合，相似《アナロジー》，プランの一致という重要な概念を確立していた［ジョフロワ・サン=ティレールの定義した相似は，今ではオーエンにならって「相同《ホモロジー》」と呼ばれている。現在もちいられている「相似」という言葉は，キュヴィエの定義によるもので，後出の「適応的な類似」に当たる。］ジョフロワ・サン=ティレールの理論は，大まかにいうと，同じグループに属する生物の形態はたったひとつのプランに帰着するということである。プランの一致を正しくとらえるには，大きさや，形や，特殊な機能といった，たんなる適応現象を無視して，末梢構造との結合関係や，構成要素の数や位置関係をよくしらべなければならない。たとえばトカゲの脚は，「結合の法則」による

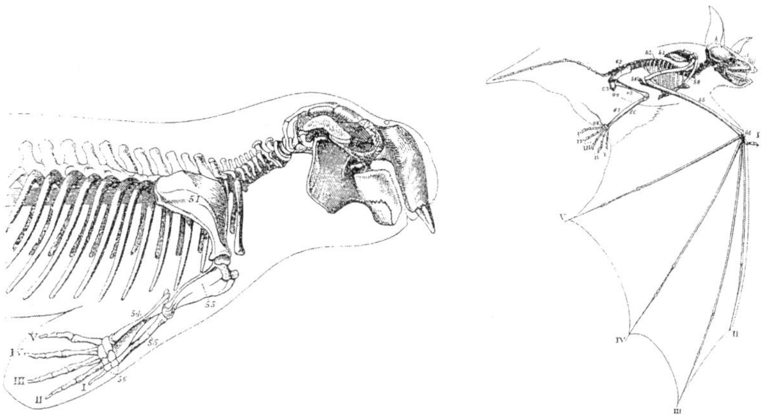

ジュゴンとコウモリにおける前肢骨の相同。

と，馬の脚，鳥のつばさ，クジラのひれと同じプランにもとづき，同じ構成要素でつくられている。解剖学ではこうした器官を「相同である」というが，その意味は，これらの器官が「真の」類似性でむすびつき，たとえばクジラのひれと魚のひれのように，形態と機能の密接な関係に起因する適応的な類似性，つまりたんに適応形質が似ているというだけの，「見かけ」の類似性でむすびついているのではないということである。

これらの概念や区別はむろん進化論にとって非常に大きな意味をもっていた。というのはそれをよりどころとして，生物が，相互の差異も数も少ない祖先形から，分岐と適応によってしだいに多様化してきたという考えが成り立つからである。同じ概要の中でダーウィンは，この着想を次のようにのべている。「つかむための手，歩くための足やひづめ，飛ぶためのコウモリのつばさ，泳ぐためのネズミイルカのひれ。これらがすべて同じプランにもとづいて作られているということ以上に驚嘆すべきことがあろうか。しかもその骨は位置関係も数もみごとに一致し，すべてに同じ名前をつけて分類できるくらいなのだ。骨は，動物によっては，あきらかに何の役にも立たない細い針のようになっていたり，他の骨とくっついていたりするが，そのために型の一致がくずれることもなければ，見えにくくなることもない。このことから，大きな階級に属するすべての生物を深いところで結びつけている絆が見えてくる。この絆をあきらかにすることが，自然分類法《ナチュラルシステム》の目的であり根拠である。だが言わせてもらえば，ナチュラリストたちはこの絆に気づいているからこそ，真の類似性と適応による類似性を正しく区別することができないのだ」。

創造論者・不変論者のナチュラリストは，こうした類似性や変形を博物学や分類学の本に書きとめはするものの，いざ解釈となると，いつも生物と環境が全体としてうまくかみあっているという主張をくり返すばかりで，究極原因をもち出すことしかできない。だがダーウィンの進化理論（変化をともなう継承）によれば，それらは環境の多様さに応じて，有利な変異が自然選択された結果なのだ。たとえば足の骨が自然選択の過程で少しずつのび，それらの間に膜ができ，膜の幅がしだいに広がっていけば，しまいには泳ぐための器官となりうる。こうして，プロセスの動的な理解にもとづく科学的な解釈が，説明の可能性もなくただ唱えられるだけの教義にとってかわる。「型の一致とは，同じ階級に属する全生物を特徴づける根本的な一致のことであり，習性や生活様式とはまったく関係がない。わたしの理論では，型の一致とは由来の一致にほかならない」（『種の起源』第６章，まとめ）

だが目的論者をもっと困らせるのは，「痕跡的」，「発育不全」などと言われる構造の存在とその理解である。つまり，目的論者からすれば，これらの構造が存在するのは一定の機能を果たす「ため」であるはずだが，そうした機能をじっさいに果たすためにこれらの構造がまったく役立たないという事実があり，この矛盾をどう考えればよいかわからないのだ。

２．痕跡器官

これらの構造は，多くは萎縮しており，その形質から推定される機能をはたしていない。あってもなくても生死には関係なく，生理学的にも無意味な，いわば無用の長物である。「痕跡」器官と呼ばれるのは，（ダーウィン以来みとめられているように）かつてはそれなりの大きさをもち，全体の中で一定の機能と役割をはたしていた器官の残滓，痕跡だからである。典型的な例としては，クジラの胚に生える小さな歯，反芻動物の上前歯，馬の脚の側面についた針のような骨（→p.128図）などがあげられる。また人間の虫垂，つまり盲腸の端から突きでた長さ９～10cmの細長い袋状の突起も，一般には何の機能もはたしていないと考えられている。

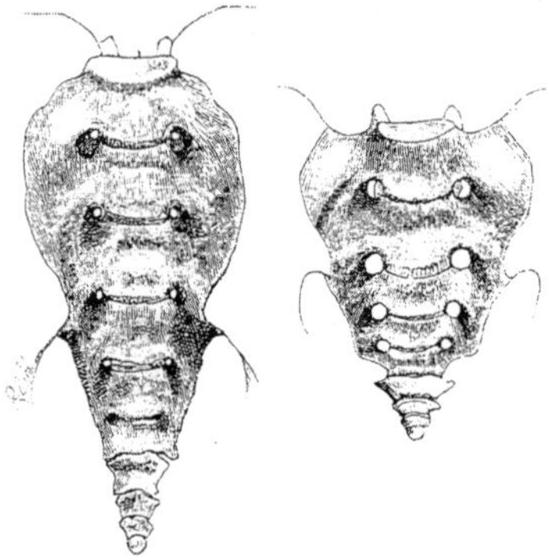

ゴリラ（左）とヒト（右）の痕跡的な尾骨。両者の近縁性と，縮小の過程がわかる。

ダーウィンによれば，ある構造が痕跡的であるとは，何よりも，成体にとってそれが機能的に無用であることによって定義される

「たとえば哺乳類では，オスの乳房はつねに痕跡的である。ヘビでは肺葉のひとつが

痕跡的である。鳥類では小翼羽［親指に相当する骨に生える数枚の硬い羽］が痕跡的な指である。また，ある種の鳥では翼全体が飛行に役立たなかったり，衰退してたんなる原基［発達前の未分化な状態］に戻っていたりする。クジラの胎児に生えていた歯が，成長すると跡形もなくなることほど奇妙なことがあろうか。また，牛の胎児の上顎にあった歯が，決して歯肉から突き出てこないことほど奇妙なことがあろうか」（『種の起源』最終版，第14章）

ダーウィンが痕跡器官に大きな関心を示したのは，もちろんこれが彼の進化論に関係しているからである。機能を（少なくともその構造から推定される機能を）もたない器官は，現在との関係では説明できないため，どうしても過去との関係で解釈しなければならず，したがって，かつては余すところなく機能をはたしていた祖先器官なるものの存在を仮定せざるをえない。そういう器官が存在したとすれば，生物の構造は長い間に変化したということになり，生物の分類のための貴重な手がかりがあたえられる。そしてこのために，生物の分類は，系統学的な視点なしには成り立たなくなるのだ。

「痕跡器官の有無が生死にかかわるとか，その存在が生理学的に重要だなどと考える人は誰もいないだろう。それでもこれらの器官の多くは，分類の立場からみると高い価値をもっている。たとえば，幼い反芻動物の上顎にある痕跡的な歯や，いくつかの痕跡的な脚の骨は，反芻動物と厚皮動物の密接な関係を証明するのにたいへん役に立つ。また植物学者のロバート・ブラウンによれば，イネ科の植物の分類には，痕跡的な小花の位置が決定的な意味をもつという」（同上）

たとえば，アルプスサラマンダーは決して水中には棲まないが，胎内の幼生にはふつうのサラマンダーの幼生と同じ鰓《えら》があることから，これらが同じ水生動物を共通の祖先としていることがわかる。［サラマンダーはイモリ科の動物。ヨーロッパのふつうのサラマンダーは，変態前の幼生を産み落とす。成体は陸生だが，幼生は鰓をもち，水中生活をする。これに対してアルプスサラマンダーは，胎内の幼生が変態したのち生まれてくるので，最初から地上生活をする。］

さらに，自然現象を解釈する上で，痕跡器官からみちびかれる結論は，（自然神学のような）目的論・摂理論的な見方に対抗するための強力な論拠となる。というのは，痕跡器官の構造には一定の機能をはたすための「計画」が見てとれるが，その「計画」は挫折している，ということは取りも直さず，神のプランが目的論者のいうように完全ではなかったことを意味するからだ。スイスの創造論派ナチュラリスト，ルイ・アガシは，痕跡器官が無用であることを認めざるをえなくなったときも，なお造物主の審美的配慮をもちだしてその存在意義をみとめようとしたが，これに対してダーウィンは同じ章でつぎのように答えている。

「博物学《ナチュラルヒストリー》の本にはよく痕跡器官は「対称性のために」つくられたとか，「自然の設計図を補完するために」つくられたなどと書いてあるが，それは事実の言いかえにすぎず，説明になっていない。それに論理的にも一貫していない。なぜならボア・コンストリクター［ニシキヘビ科ボア亜科の蛇の一種］には痕跡的な骨盤と後肢があるが，もしそれらが自然の設計図を補完するために取っておかれたのだとしたら，ワイスマン教授も指摘しておられるとおり，なぜ他のヘビにはそうした骨がないのか。他のヘビにはそんなものはひとかけらも残っていないではないか。仮に，衛星が惑星のまわりに楕円軌道を描くのは対称性のためだ，なぜなら惑星も太陽のまわりに楕円軌道を描いているから，などという天文学者がいたら，何と思われるだろうか」（同上）

自然選択が生物に有用なものを選びとる以上，環境の変化にともなって使われなくなった器官が，不要になり無用になって痕跡化するのはあたりまえである。だが，ときには積極的な適応が，器官の萎縮という形でおこなわれることもある。

「同じ器官が，ある条件の下では有用でも，別の条件のもとでは有害になることがある。たとえば吹きさらしの小島に生息する甲虫の翅がそれだ。この場合，翅は自然選択によって少しずつ退化していき，しまいには痕跡化してその種に害を及ぼさなくなるだろう」（同上）

このように痕跡器官は，ダーウィンにとって，進化の系統学的証拠としてきわめて重要な意味をもっていた。このことをはっきりさせるために，彼はつぎのような言語学的なたとえを用いている。

「単語の綴りのなかには，発音はされないが語源と系統をたどるのに役立つ文字が含まれていることがある。痕跡器官は，ちょうどその文字のようなものだ」（同上）

最後に，ライエルに宛てた1859年10月11日付けの長い手紙の一部を引用しよう。この手紙は，ダーウィンが『種の起源』の校正刷りをライエルに送ったのに対し，ライエルが２通の返事を書いてきた，それに対する答えである。痕跡器官と初期器官［進化の初期段階にある器官のこと］は，ともに未発達な外観をもつため識別しにくい。これらを識別するのは大事なことだが，以下の引用を読むと，自然選択理論の本質である有用性の原理によってそれが可能になることがわかる。

「自然選択の理論によれば，あなたのおっしゃる器官の芽と，痕跡器官の間には大きな違いがあります（あなたの器官の芽のことを，わたしはもっと大きな本［いわゆる「大著《ビッグブック》」］の中で「初期器官」と呼んでいます）。ある器官が痕跡的と呼ばれるのは，それが無用なときに限られます。たとえば決して歯茎から生えてこない歯や，雄花の中でめしべをあらわす乳頭突起や，キーウィ鳥の翼…などです。これらの器官は現在はっきりと無用であり，もっと未発達な状態ではなおさら無用だったはずです。自然選択は各段階で有用なわずかな変化を保つことによってのみ作用するのですから，無用な器官，発育不全の器官をつくることはできません。そういう器官は遺伝によって残っているだけであり（…），それが役に立つような条件下でその器官をそなえた祖先が存在したことをはっきりと告げています。これらの器官は別の目的に使われることもありますし，しばしば使われてもきました。痕跡的といわれるのは，あくまでも本来の機能（といってもそれらしく見えるだけのときもありますが）に関してです。

これに対して初期器官は，未発達で，これから発達すべきもののように見えますが，じつは発達の各段階で何かの役に立っていると思われます。わたしたちは予言者ではありませんから，今どの器官が初期段階にあるかを言うことはできません。おそらく初期器官で太古から今に伝えられているものはほとんどないといってよいでしょう。なぜなら，重要ではあっても未発達な器官をもつ生物は，十分に発達した器官をそなえた子孫にいずれは取って代わられたでしょうから。カモノハシの乳腺は，雌牛の乳房とくらべれば，初期段階にあるといえるかもしれません。ある種の蔓脚類がもっている担卵小帯は初期の鰓《えら》ですし，[…解読不能…］の浮き袋は，浮き袋としては痕跡的ですが，胃袋としては初期的です。ペンギンの小さな翼は，ひれとしてのみ使われていますが，翼としては初期器官と考えることもできましょう。といっても，わたしがそう考えているのではありません。鳥の構造はすべて飛行に適していますから，ペンギンの構造が他の鳥に酷似していることを考えれば，その翼はおそらく水中で動きやすいように，自然選択によって変化し，小さくなったのでしょう。ともかくこのように考えていけば，ある器官が痕跡器官なのか，それとも初期器官なのか，多くの場合は識別できます。尾骨というのはいくつかの筋肉が付着する所だと思いますが，わたしの目には痕跡器官にしか見えません。鳥類の小翼羽は痕跡的な指です。わたしの考えでは，もしきわめて下の系列に属する化石の鳥が発見されたとしたら，その片翼は二重になっているか，さもなければ二つに枝分かれしているはずです。いやこれは大胆な予言をしてしまいました！少しでも予言をみとめれば，それは自然選択理論を放棄するのと同じことになってしまいます。」

B．分類学的論拠

1．分類学者の困惑

ダーウィンがナチュラリストになろうと決心した頃，生物の分類・整理は，古代ギリシア・ローマの頃から博物学がなすべき大事業のひとつに数えられていた。この分類学という分野は，博物学とほとんど同義で，たいへん格が高かったが，それは次のような思想が背景にあったからである。つまり，自然の中に客観的に書きこまれた生物の分類法が存在する（自然分類法），その分類法にしたがって全生物をいくつかのグループに分けると，どのグループも他のグループとは本質的に異なる特徴をもち，各グループに属する個体はすべて本質的な共通点をもつようにすることができる，というのだ。（自然分類法は通常，造物主が自然の構成《エコノミー》を決めるときに用いた秘密の鍵として想像されていた。そして自然の構成は，生物に関していえば，最も単純なものから最も複雑なものまで，「下等生物」から「高等生物」まで，すべての生物を階段状にならべた，あの「自然の階梯」として思い描かれていた）。この考えにもとづいて生物界を秩序づけようとした人々が直面した最大の困難は，ある形質では似通っている生物が，別の形質ではいちじるしく異なっているため，分類の判断基準がどうしても恣意的になってしまうことだった。それではどういう形質に基づけば，本性に根ざした分類ができるのだろう。生理学的に重要な器官を基準にすればよいのだろうか。たとえば，（肺ではなく）鰓《えら》による呼吸器官をもっていれば，明らかに水生動物であることがわかる。だがこの基準は，あてはまる生物があまりにも多いため，差異の標識としてはゆるすぎる。それにレピドシレン（肺魚の一種）のように，両方の呼吸器官をあわせもつ動物もいるのだ。また，心臓をもっているというのはたしかにすべての脊椎動物に共通した形質だが，これだけでは象と両生類を区別することもできないし，第一，脊椎動物だけの特徴でもない。こうして昔の分類家たちは，これこそ「自然分類法」の名に値すると考えた判断基準を，これでもかこれでもかと提案することになったスウェーデンのナチュラリスト，カール・フォン・リンネは1737～1738年，分類学に新しい時代をきりひらいたが，その功績としては，植物分類の基準として生殖器官を用いたこと以上に，ラテン語による二名法（属名と種名の連記）を編み出したことが大きく，今ではこの命名法が分類学者の常識になっている。

だが，生物がその本質的な型《タイプ》から変化することはないと信じているかぎり，または信じているつもりになっているかぎり，方法論上の根本的な困惑はなくならなかった。次々に新種が発見されるにつれて複雑になった「分類法」がふえればふえるほど，はじめは無制限に種の不変性を受け入れていたナチュラリストたちも，別の見方の必要性を感じるようになった。晩年のリンネ自身がそうであり，博物学の大家ビュフォンがそうであり，数量分類学の開祖アダンソンがそうだった。アダンソンは彼のいわゆる「自然な方法」のなかに植物の形質をすべて取り込もうと試みたあげく，1763年，『植物の科』で進化論的な結論に到達した。ラマルクの場合はなおさらそうであり，若い頃はフランスの植物を分類しなおしたこともあったが，進化論を確信してからは分類を放棄してしまった。そして最後にダー

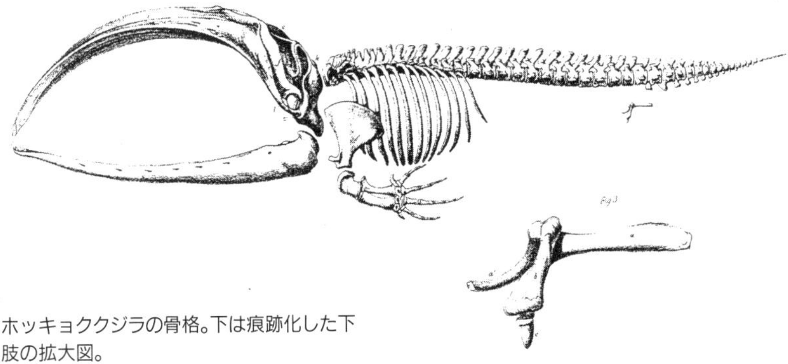

ホッキョククジラの骨格。下は痕跡化した下肢の拡大図。

ウィン自身がそうであり，自然分類法の実用的価値を知りながらそれを根底から覆し，分類の境界を相対化すると同時に，系統学的秩序こそが自然の秩序であるとし，分類家たちはじつはそれを無意識にみとめてきた，そのしるしが自然分類法であるという見方を示した。

2．ささいな形質

ダーウィンは，1842年に最初の概要を書いたときから，分類にたいする批判的考察をはじめていた。その内容は1844年の概要でさらに充実し，『種の起源』で十全に表現されたが，それはまず次のようなものだった。すなわち，過去に分類法を研究した人々はほとんど，分類では何よりも生理学的に重要な器官を基準にすべきだと考えていたが，これはおおむねまちがっている。逆に，生理学的には必ずしも重要とはいえない形質が，生物の真の類似性をはっきりと教えてくれるのだ，という。

「体の部位の形質で，生理学的には少しも重要ではないが，グループ全体を定義するのに役立つ例をたくさんあげることができる。たとえば，鼻孔から口に通じる通路の有無は，オーエンによると，魚類と爬虫類をきっぱりと分かつ唯一の形質である。有袋類では下顎骨の角の湾曲，昆虫では翅のたたみ方，ある種の藻類では単なる色，イネ科の植物では花の諸部分に生えている柔毛，脊椎動物では毛や羽といった外皮を覆うものの性質。こういったささいな形質が，分類においては決定的な判断基準となる。もしカモノハシに毛ではなく羽が生えていたとしたら，こんなにささいな外的形質でも，ナチュラリストにとっては，この奇妙な動物がどれだけ鳥に近いかを示す有力な証拠となったことだろう」（『種の起源』最終版，第14章）

3．相似形質（適応形質）

さらに，真の類似性をあらわしている形質と，見かけの類似をあらわしているにすぎない相似形質をきちんと区別しなければ

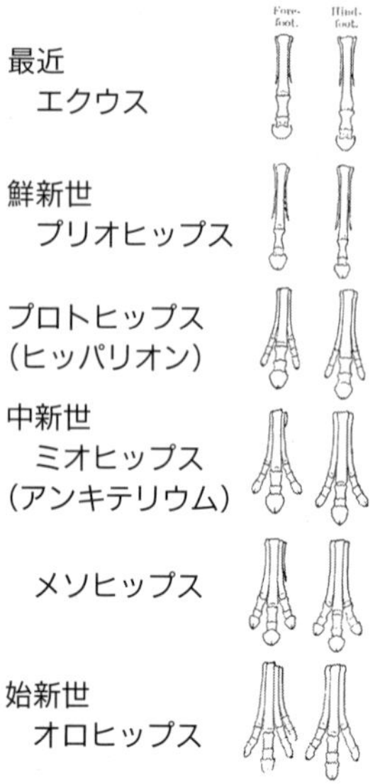

下から上へ,第3紀に起こった馬の脚の進化をあらわしている(O.C.マーシュ作)。進化とともに,前肢でも後肢でも,両脇の指がしだいに縮小していくのがわかる。

ならない。相似形質は適応形質ともいい，自分とは別系統の生物の生活環境で暮らしている生き物が，その環境に物理的に適応する過程で形成されたものである。よく知られているのは，真性哺乳類のクジラが水中生活に適応してできた，魚のような体形だ。ダーウィンは，形態学的な類似が，分類において真の類似を示唆することは確かに多いが，つねにそうではないことを示し，それを裏づけるために，外見のよく似たジュゴン（カイギュウ目の哺乳類）とクジラを比較し，これら二つと魚類を比較し，ネズミとトガリネズミ（モグラ目）を比較し，ネズミとアンテキヌス（オーストラリアの小型有袋類）を比較した。逆に，適応の結果できあがった同じクジラ目内の類似性は，彼らがたしかに共通の祖先をもっていることを示している。最後に，適応形質は生物が途方もない変異能力をもっていること(たとえば上にのべたクジラの例）と，そうした変化のためには途方もなく長い時間がかかったに違いないことを教えてくれるが，いうまでもなくこれら二つは進化論の本質的な構成要素である。

4．静的分類学の相対化と系統学の重視

さて，形質の類似に着目する分類法が有用で的確なものになるためには，分類の観点そのものが大きく転換していなければならない。つまり，形質の類似がグループをつくるのではなく，自然のグループが近縁性のしるしとして形質の類似を生みだすのだ。ダーウィンは次のように言っている。たとえば甲殻類では，系列の両端に位置する二つの生物の間に，ひとつでも共通の形質を見つけるのは難しいだろうといわれてきた。ところがじっさいにはそれらの間に多くの生物がならぶのであって，その中のどれ一つとして別の系列に入れることはできないほど，それぞれが隣の生物と明白な近縁関係で結びついている，と。彼はまた，分類のルールと慣習を次の二つの現象によって相対化した。

1．ある生物群の分類学的階級は絶対的なものではない。(たとえばあるグループが属

として分類されていたとしても，それまで観察されたことのない相違点をもつ近縁種がたくさんみつかっただけで，そのグループが亜科や科に昇格することがある。)

2．ある生物群をどの階級に位置づけるべきか，決定がむずかしいことがある。(ナチュラリストはたとえば，ある生物を種とみなすべきか，それとも変種とみなすべきかでよく迷う。)

したがって，自然の分類が恣意的な分類から脱し，確かな根拠をもつためには，生物というものは代々血筋を継承していくうちに，遺伝と変異によって変化するのだと考えるよりほかはないのである（変化をともなう継承）。

「上に述べたような分類のルールと困難は，わたしの思い違いでなければ，すべて次のような見地から説明することができる。まず，自然分類法は変化をともなう継承の上に成り立つこと，次に，真の分類は系統学的であり，ナチュラリストの目に真の類似性をあらわしていると見える形質は，すべて共通の祖先から伝えられたものであること，そして，系統の共通性は，ナチュラリストが無意識に探し求めてきた秘密の絆であること。(…)かくして自然分類法によると，すべての生物は家系図のように系統的に配置される」(『種の起源』)

5．分岐の原理

こういうわけで綱，目，科，属，種といった階級や，必要に応じて設けられた下位区分はすべて，進化的分岐をしめす系統図（右頁図版）に沿っておかれた標識である。ダーウィンはこの図を『種の起源』のはじめの方（第4章）に掲げて説明している。

ABCD EF GHIKLはおのおの種で，ある地域でひとつの大きな属を形成している。これらの種は互いに似ているが，類似の度合いはさまざまである（図ではこのことを文字どうしの不均等な間隔であらわしている）。

Aは広く分布している一般的な種で，変異の幅が大きく頻度も高い。ここから枝分かれした線はすべてその子孫（これらもやはり変異度が高い）をあらわしている。

隣りあう2本の横線の間隔は，1000世代をあらわすものとする。

右肩に番号のついたイタリック体の小文字は，いちじるしい変異をとげた変種をあらわす。たとえばAは，1000世代後に，a^1とm^1という二つの顕著な変種に変わっている。同じ種から出ている枝の上方に行けば行くほど，変種（変化した子孫）どうしの差異が大きくなり，変種と共通の祖先との差異も大きくなる。こうして1万世代後になると，Aはa^{10}とf^{10}とm^{10}という，非常に異なる3つの生物に変化している。もし横線から横線にうつる間の変化が小さければ，変異のいちじるしい変種とみなすことにする。反対に，変異が累積したか激しかったかして，その間に大きな変化が生じていれば，一個の独立した種とみなすことにする。こうして，変種とは生まれつつある種にほかならないことになる。

必要なら世代の数を増やすことによって，図の最上段にならんでいるAから生じた８つの生物（a^{14}からm^{14}まで）はすべて種だと考えてよい。同様のことがＩについても言え，１万世代後にはw^{10}とz^{10}という２つの顕著な変種または種が形成され，１万4000世代後には６つの種（n^{14}からz^{14}まで）が形成されている。

最上段までたどりつかなかった枝は，途中で絶滅したことを意味している。絶滅は早く起こることもあれば，顕著な変種をいくつか生じたのちに起こることもある。

ＡとＩ以外の種は，途中で絶滅したものもそうでないものもあるが，いずれにせよ存続期間中にほとんど変異を起こしていない。ＥとＦは，子孫が枝分かれしたＡともＩとも類似の度合いがもっとも低かったために，生息の場を確保するための戦いで大した損害を蒙らず，１万世代まで存続した。だが１万4000世代まで生きのびたのはＦだけである。

けっきょく，11あった原種は15の種におきかわり，そのうちひとつだけが変化しなかったことになる。a^{14}とz^{14}の差異は，分岐のせいで，原種の間の差異より大きくなっているだろう。

こうしてＡから出た８種とＩから出た６種は，類似の度合いによっていくつかのグループに分けられ，各グループの内部では比較的近縁だが，グループが異なるといちじるしく異なっている。これらの小グループは，類似の度合いに応じて，それぞれ亜属または属と呼ぶことができるから，Ａから出た８種とＩから出た６種は，それぞれ属または亜科として分類される。ただ，仮に属として分類されたとしても，ＡとＩの間にあった種がＦを除いてすべて絶滅していることを考えると，それらの関係はきわめて遠いはずである。

この図解から次のようなことがわかる。すなわち，種の個体数が多いほど，変異の可能性が高い。変異の可能性が高いほど，自然選択されやすく（＝有利な変異をおこす可能性が高く），したがって形質の分岐が起こりやすい。

そして分岐が大きいほど，生活できる場所が多様化するから，分布域が広がりやすい。分岐はそれ自体がひとつの利点なのである。

C．発生学的論拠

ダーウィンは，1860年９月12日付けのライエルへの手紙の中で，発生学的論拠のことを「なによりも強力」だと書いた。もとより彼は，異なる型が別々に，次々と創造されてきたという考えには反対だった。動物には，個体の発達過程で，たとえば昆虫・甲殻類の変態や，ある種のクラゲの世代交代のように，次々と複雑な変化をとげるものがある。クラゲの世代交代では，受精卵から生まれたプラヌラと呼ばれる個体が岩に付着し，ポリプとなって無性生殖で増え，やがて上の方から次々と円盤状に切れて水中に放出されると，これがクラゲとなって有性生殖をし，また同じことがくり返される。変態にせよ世代交代にせよ，こうした変化の間にあらわれる諸段階は，それが形態発生の一コマ一コマであることが発見されるまでは，しばしば別々の生物とみなされ，分類でもそのように記録されてきた。一般に，変態と世代交代は，ある形態から別の形態への移行を早いスピードでみせてくれるから（青虫から蝶へ，水中遊泳をする幼生からフジツボへ，固着性のポリプから浮遊性のクラゲへ），それを自分の目で確かめると，自然の中で型が不変であるという思いこみが相対化されやすくなる。

ダーウィンも，多くの動物の幼生や胚を成体と比較した結果，同じような結論に到達した。1828年には，近代発生学の創始者カール・エルンスト・フォン・ベーア（1792〜1876）が，動物発生の基本法則を発表していた。それによると，動物の発生は，均質から不均質へ，未分化から分化へとすすんでいくから，胚の発生過程でまずあらわれる特徴は，最も一般的な型の特徴である。そのあとで綱《こう》の特徴があらわれ，目《もく》の特徴があらわれ，科，属，種と，しだいに階級を下って，しまいに最も特殊な個体の特徴があらわれる。だがフォン・ベーアは不変論を守り，キュヴィエと同じく，

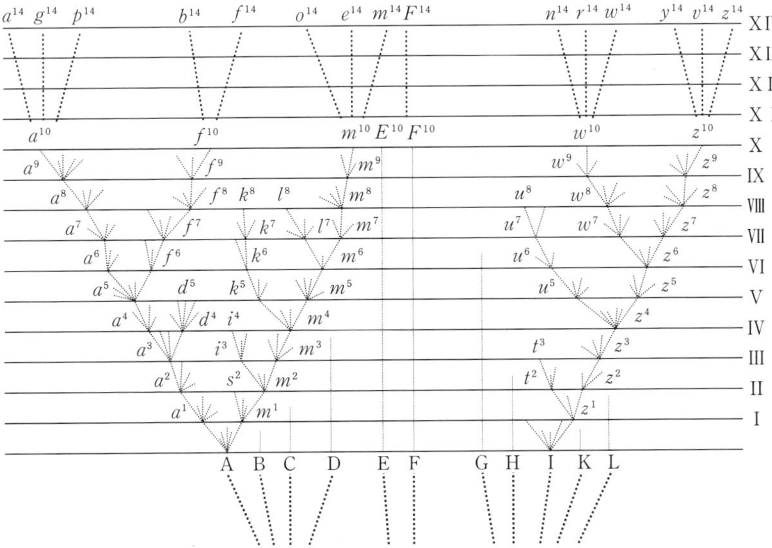

分岐の模式図（『種の起源』第４章に掲載）。一連の変異をとおして生物が分岐していくようすをあらわしている。

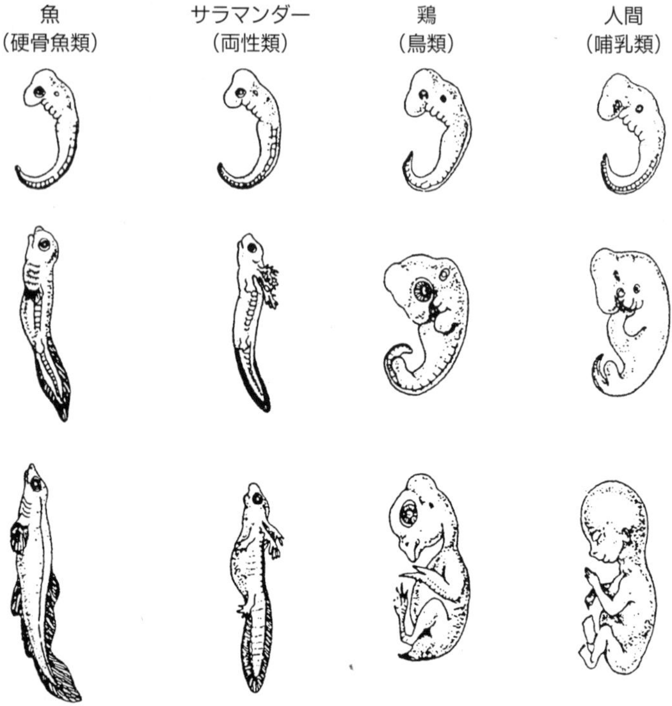

この図はK.E.フォン=ベーアの本に載っていたもので，4つの動物グループを代表する生物の発生を3段階にわけ，それぞれの分化の過程を示している。おのおのの生物は，最下段までくるとはっきりと識別できるようになるが，初期の段階では非常に似通っている。進化論は発生初期の胚のいちじるしい類似性を重要なよりどころとして，すべての生物は共通の祖先をもっていると主張する。

生物の体構造は4つの型（プラン）から成ると主張して（放射型，細長型，軟体動物型，脊椎動物型），自分の基本法則が少しでも進化論的に解釈されることを嫌った。こうして彼は，高等動物の胚が発生の途中で，それより下等なすべての動物の成体の形をとるという，メッケル=セールの法則に反対する一方，そんな乱暴なことは言わないかわりにはっきりと進化論を主張するダーウィンが，彼の「法則」を引用するのも喜ばなかったフォン・ベーアによれば，脊椎動物の胚は，発生のどの段階においても脊椎動物の胚であり，メッケル=セールの法則とは異なり，下等動物の成体の形などあらわしてはいない。むしろそれは発生がすすむにつれて，しだいに下等動物から離れていく。彼によれば，類似しているのは胚の形なのだ。ダーウィンは『種の起源』のなかでまさにこの主張を引用したのだった。

じっさい『種の起源』の最終版，第14章でダーウィンは，成長すればまるで異なる器官となる胚の諸部分が，発生初期にはたがいによく似ていること，成長後の姿が非常に異なる動物でも，胚の形はとてもよく似ていることを強調している。後者の，胚の形の類似は，生存条件の共通性によるものではありえない。じっさい，母の胎内で養われる哺乳類の胎児と，親鳥の抱く卵の中にいる鳥のヒナと，水中で成長する蛙の卵の間に共通点などありはしない。動物によっては(とくに昆虫)，幼生のうちから自力で餌を探さなければならず，そのため早い時期から適応を余儀なくされものもあるが，それらを除いた大部分の動物では，フォン・ベーアの胚の類似法則が満たされていることが確かめられる。ダーウィンは，成体はあれほど異なる有柄蔓脚類（エボシガイ）と無柄蔓脚類（フジツボ）が，幼生期にはどんなに似ているかを身をもって知っていた。彼はまた，胚が保っている特徴で，何の役にも立たないものがあることも知っていたし，ふつうとは反対に，成体より高度な生体構造をもつ幼生があることも知っていた（たとえばある種の蔓脚類は，成長すると生殖器しかもたない単なる袋となり，「補助のオス」としてメスに寄生して生活するが，幼生のうちは自分で餌をとり，活発に泳ぎまわる)。

「それでは発生学におけるこれらの事実はどのように説明できるのだろうか。これらの事実とは次の6点である。第1点は，胚と成体が，つねにではないがほとんどの場合，異なっていること。第2点は，ひとつの胚のいろいろな部分が，のちには非常に異なる器官となってさまざまな用途に使われるにもかかわらず，発生初期にはよく似ていること。第3点は，同じ階級内で非常に異なる種の胚どうし，幼生どうしが，つねにとはいわないが，一般によく似ていること。第4点は，卵や子宮の中にいる胚がしばしば，その時も将来もまったく使わない無用な構造をもっていること。第5点は，第4点とは反対に，自力で食べ物を探さなければならない幼生が，まわりの条件に完璧に適応していること。そして第6点は，動物によっては成長をとげた成体よりも，段階のより進んだ器官をもつ幼生が存在すること」。

この問題に答えるにあたって，ダーウィンは，家畜の観察をもとに一般化した次のような二原理をよりどころとした。

1．個体の一生において，わずかな変異や個体差は早い時期にはあらわれないこと。品種の非常に異なる2匹の子犬，2羽のひよこ，2羽の子鳩には，それぞれの成体どうしを比べたときほど明確な違いはみとめられない。

2．親にはじめてあらわれた変異は，それが親にあらわれたのとほぼ同じ年齢で子にあらわれること。

たとえば前肢は，遠い祖先にとっては歩行のために使われていただろうが，進化の結果，ある動物では手，別の動物では水かき，また別の動物では翼として働くようになっているだろう。これに上の１，２をあてはめれば，これらの動物の前肢は，胚の段階ではまだ非常に似通っているが(１)，胚のときと成体に近づいたときで比べれば，それぞれの動物ごとにかなり大きな差異ができているだろう(２)。(成体に近づくとは，自力で食べ物をまかなうために有用な変異が選択され，遺伝される年齢になったということである。)とはいえ，もし幼生にとって，自力で食べ物をまかなうのに適した変化が有利ならば，そうした変異が幼生期の早い段階で選択され伝えられるようになり，その後の発達は，場合によって退化のような経過をたどることもありうる。

またこれらの原理を考慮すると，多くの動物においては，胚や幼生の状態が，それらを含むグループの遠い祖先のおおよその姿をあらわしているといってよいだろう。たとえば甲殻類は，非常に異なるいくつかの大きなグループからなるが，それらの幼生はすべてノープリウス形とよばれる形をしており，しかも特殊な適応をしていないことから，すべてのグループに共通な祖先は，だいたいこのような姿をしていたのだろうと考えられる。同様に，哺乳類，鳥類，爬虫類，魚類の胚を比べてみれば「これらの動物はある遠い祖先の変化した子孫であり，その祖先は成体のときに，水中生活に適した鰓《えら》と，浮き袋と，ひれ状の四肢と，長い尾をもっていた」ことが推測できる。

したがって胚には祖先の系統が示されており，この系統こそ「ナチュラリストたちが自然分類法の名のもとに探し求めてきた，すべての生物を結びつける秘密の絆」である。このことは，過去に多くの分類家が，成体より胚の形態を重視してきたことからもうなずける。胚の形が共通なのは起源が共通なことをあらわしている。一方，発達過程や成体における相違点は，新しい生存条件に適応した結果なのだから，過去にさかのぼるための手がかりにはならない。蔓脚類を軟体動物とする誤りから脱し，本来の甲殻類に分類できたのは，幼生をしらべたおかげだった。進化論からみて類似が一般に近縁性のしるしだとすれば，発生初期の特殊な類似はいっそう深く，起源の共通性のしるしである。そのしるしは，適応のためにいくつか発達段階をとばす現象にも，収斂の現象にもまだ乱されていない（収斂とはクジラの形が魚に似ているように，系統の異なる動物が，似たような環境で生活するうちに構造が似てくる現象をいう)。こうして，同じ階級の内部で，胚の類似性から原初のモノグラムが見えてくる。このモノグラムから，その綱に属するすべての生き物をうみだした共通の祖先の姿が――多少ぼやけているが，とダーウィンは断っている――浮かび上がってくるのである。

2 くい違う考え

ダーウィンの理論は首尾一貫していたため，彼は進化論，すなわち種は変わっていくという原理を認めさせることができた。しかし進化については何通りかの解釈があり，著名な「ダーウィン主義者」たちは，「ダーウィン流」ではなくなってしまう。

野心家ハクスリー

ダーウィンは進化論をめぐる公けの場での対立をあまり好まなかったので，ハクスリーがその才能をもって，自分のために精力的に論争してくれたことをありがたく思った。

後に「ダーウィンの番犬(ブルドッグ)」と呼ばれることになるトーマス・ヘンリー・ハクスリー(1825-1895)は，資産のない家庭に生まれた。野心に燃える激しい性格の持ち主で，優れた知能を生かして，医学を学んだ。外科医として海軍のラトルスネーク号に乗り組んだ(1846-1850)彼は，動物学者としてたぐい稀なる才能を示しはじめた。

ハクスリーはドイツロマン派の科学の影

トーマス・H・ハックスリー

響を受けたが，「自然哲学」の行き過ぎた思弁性に対しては批判的であった。多様な生物の分類の統一原理をカール・エルンスト・フォン・ベーアの発生学に見いだしており，進化論に対しては疑問を抱いていた。だが，1859年末に「種の起源「を読み，その書評を書くと，すぐれた解剖学者でもあり，科学の自由を熱心に支持していた彼は，ダーウィンに賛同し，論争家としての資質をあますところなく見せつけた。解剖学者の「権威」リチャード・オーウェンの不俱戴天の敵であったハクスリーは，学者としての全生涯において，イギリス科学界の中で影響力のある立場をかちとるために闘い，ダーウィンの敵たちと闘った。それでも依然として自然選択説に関しては批判的であり，種の変化がわずかな変異の積み重ねによって起こるというダーウィンの考え方ではなく，突然の飛躍によるという考え方を好んだ。1863年に刊行された最も有名な著書『自然における人間の位置』では，人間と猿人類との間の形態解剖学的な類似を示している。数々の学問的栄誉に浴したハクスリーは，作家オルダス（1894-1963），遺伝学者ジュリアン（1887-1975），神経生理学者アンドリュー（1963年医学ノーベル賞受賞）などの孫をはじめとする，輝かしい知識人一族の祖となり，しまいには25歳の若さでメンバーとなったロンドン王立学会の会長を務めるに至った。1860年，かの有名な「オクスフォードの会合」でのウィルバーフォース司教との論争は，ハクスリーの名声を決定的に高めた。

H・スペンサー

教条主義的リベラリスト，スペンサー

自由主義が席巻する国イギリスの主要な代弁者の一人である哲学者スペンサーの支持を失うまいと，ダーウィンは彼に対する個人的な反発を押し隠していた。スペンサーは「自然選択「という表現を「最適者の生存「という表現に変えるようダーウィンに勧めた。

スペンサーもまた，胚は段階的に分化し複雑化して発達するというフォン・ベーアの理論に影響を受けた。技師から哲学者となり，生物学ではラマルクの学説を支持していたハーバート・スペンサー（1820－1903）は，『社会学原理』と『倫理学原理』を書いて，ダーウィンズムと社会淘汰主義を混乱させた直後に,『総合哲学体系』(進化論)を終わらせてしまった。(『総合哲学体系』は,前述の2つを含む5つの著作からなる。)

スペンサーは社会を超有機体とみなし,個々人が競い合うことによって社会が進化すると考えた。闘争の結果,不適応者は必然的に失格に至る。彼は自然選択という言葉を,この闘争関係を正当化するためにのみ使った(ラマルク主義者らしく,環境の直接作用という方を好んだ)。

こうして彼は,自然選択の作用は社会の内部で何の拘束も受けずにはたらくべきであるという原則に立ち,この「自然な」選別によってふるい落とされた者を救ういかなる行為も行うべきではないとする「社会ダーウィニズム」の父となる。放任主義と極端な個人主義を擁護し,利己主義的な立場から利他主義を定義し,社会を生物とみなして社会学を定義した彼は,1世紀後に「社会生物学」と名づけられるものを最初に体系化した人物である。

1876年ダーウィンは自伝に,こんな打ちあけ話を記している。「ハーバート・スペンサーとの会話はとても興味深く思われたが,特に彼を好きではなかったし,彼と容易に親しくなれるとも思わなかった。彼はこの上なく利己的であったと思う。(……)しかしながら,私は自分自身の仕事にスペンサーの著作を利用したとは思っていない。それぞれの主題を扱う彼の演繹的方法は,私の心のありかたとはまったく正反対である。彼の結論が私を納得させることは決してない。そして彼の論説のひとつを読んだ後,私は繰り返し思った。『ここには6年かけてやるすばらしい主題があるのに』と。彼が基本的なことがらを一般化するのは(ある人々はニュートンの法則に匹敵するくらい重要だといっている!),哲学的見地からすると非常に価値があるのだろうけれども,少しでも科学の役に立つとは思えないような性質なのは事実である。一般化は自然の法則というよりも,定義という性質を帯びているといえよう。一般化は個別の場合に何が起こるかを予言するのには何の助けにもならない。いずれにせよ,それは私にとっては何の役にも立たなかったのである」。

フランシス・ゴールトン

不満家ゴールトン

ダーウィンのいとこであり，『種の起源』の崇拝者であり，人類学者，統計学者であるフランシス・ゴルトン(1822-1911)は，1860年代半ばに優生学を「考案」した。

スペンサーの「社会ダーウィニズム」は，ダーウィンの人類学とは反対に，自然選択はそのままの形で社会に適用されるのが当然で，またそうでなければならないという考え方に基づいていた。これに対し，ゴルトンの優生学は，欠陥のある人間が文明社会の中で保護されることによって人類が衰退するのではないかという懸念から，これをくいとめるために社会集団の中に「人為」選択を導入すべきであるという考えに基づいていた。彼は保護制度によって生物学的・知的「最適状態」が脅かされると考えており，その「最適状態」を復活させるために優生学を導入したのである。この異なる二つの論理，すなわちスペンサーの社会ダーウィニズムとゴルトンの優生学はそれぞれ，当時のイギリス政治を支配していた二つの勢力，自由主義と保守主義の論理と重なり合う。自由主義は経済・社会的競争を自動的に促進するような結果のみを信頼する。いっぽう保守主義が信頼を寄せるのは，国家による規制と法的措置のみだ。このように考え方は異なるのに，スペンサーの「社会ダーウィニズム」とゴルトンの優生学は，不適応者の必然的「淘汰」という共通テーマで一致している。

ダーウィンはゴルトンの統計学的研究と遺伝の研究についてはそこそこ評価していたが，遺伝のメカニズムについては異なる見解をもち，特に，いかなる人間集団の淘汰も拒否する点でゴルトンとははっきり異なっていた。1871年『人間の由来』の中で，彼は自分の理論に関する誤った解釈を退けている。「我々は，同情に値しないと頭ではわかっているときでも，人間の本性のもっとも高貴な部分を損うことなく同情心がわきおこるのを抑えることはできない。外科医なら手術を行いながら，患者のためによいことをしているということがわかっているから無情にもなれるだろう。しかし，我々が見捨てられた弱者を故意に無視するとしたら，それは，時点では圧倒的に悪なのである。したがって我々は，弱者が生き残り，増えていくことによって起こるにちがいない悪い結果に耐えていかねばならない」。

各国のダーウィニストたち

ダーウィンはヨーロッパ全土とアメリカに，親しい文通相手をもっていた。その中のある者たちは，新しい進化論の積極的な宣伝者であったが，(おそらくブライスを除いて）ダーウィンの本来の考えとは異なる，いや時にはかけ離れた見解を採っていた。こうして『種の起源』の著者は，反教条主義的な科学を支持するグループの象徴となったが，このようなグループが統一見解をもって教条主義と戦うというわけにはいかなかった。

エドワード・ブライス

エドワード・ブライス（1810-1873）

すぐれたフィールドワークを行なった動物学者ブライスは，ダーウィンにとって20年近くの間，無尽蔵ともいえる情報源であった。

ブライスは1841年から1862年まで，ベンガルのアジア王立学会博物館の館長としてインドに滞在した。学会発行の月刊紀要に，イギリスの学術雑誌に，学術論文を多数寄稿した。哺乳類と鳥類の専門家であった彼は，たぐい稀なる寛大さで，家畜の交配と動物の変異に関する膨大な情報をダーウィンに提供した。『種の起源』を読んで，ブライスの種についての考え方は完全に変わった。彼はダーウィンが最も頻繁に引用した著者のひとりであり，彼らは長期にわたり，大量の書簡を交換した。

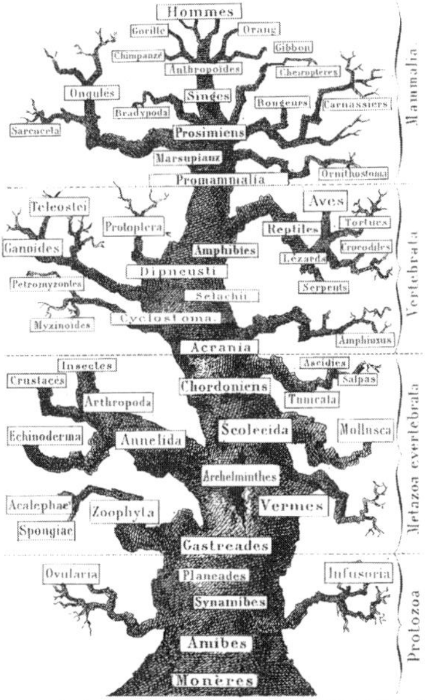

ヘッケルによる人間の系統樹（『人間創成史』1874）
底辺部分に，モネラ，すなわち最も単純な生命小体。構造・核・明確な形態のない等質血漿の粘液性小球。可動性。炭素を含むアルブミン性の物質から成る。ハクスリーは，モネラは大洋の深底にいると信じていた。続いてヘッケルも，モネラが自然発生し，無機体と有機体の間を移行すると考える間違いを犯した

エルンストン・ヘッケル

エルンスト・ヘッケル（1834-1919）

ヘッケルはスパルタ式優生学と安楽死に深く感化され，生物学の理論を単純に社会や政治の分野にあてはめたものを「ダーウィニズム」と称して，ドイツの「社会ダーウィニズム」に影響を与えた。この面では問題のある人物ではあるが，影響力をもつ動物学者で，線描画のすばらしい才能をもっていた。他方で科学の普及のために戦い，19世紀後半で最も読まれ，最も翻訳された博物学者の一人となった。

ヘッケルはドイツの動物学者であり，1862年から1868年までイエナ大学の教授を務めた。基本的にラマルクの影響を受けた進化論者である彼は，博物学者としての才能，線描画の才能，論争家で喧伝家の血気，新しい思想を統合し普及させる能力，教皇・教会・一般的な宗教教義への激しい抵抗，一元論（諸現象の基礎としての唯一の実体の認識は科学のみによって識別し得るという立場，また物質から独立して，物質とははっきり異なる精神的実体の存在を前提とする形而上学的二元論に対立する立場である）を守るための戦いなどを通して，多大な影響を及ぼした。そして高等脊椎動物の発達過程（個体発生）は，祖先の成体が進化の過程でとってきた形態変化（系統発生）を繰り返すという学説を「生物発生原則」と呼んで普及させた。彼は進化を多数に枝分れした系統樹として示した。さまざまな脊椎動物の胚構造の類似性をどのように表し，どのように解釈するかで，いくつか行き過ぎもあるにはあったが，海洋生物学にもきわめて精通しており，単細胞生物（原生生物），発生学の専門家で，形態学者（『一般形態学』，1866）でもあった。だが残念なことに，彼はビスマルクの全体主義を支持し，ドイツ「社会ダーウィニズム」を推進し，「スパルタ式淘汰」のような優生論的諸テーマを普及させた。これらの理論はナチズムの下，人気を博して不幸な結果を招くことになったのである。

エイサ・グレイ（1810-1888）

グレイは新世界アメリカでとりわけ新しい思想と超越の摂理という考え方を両立させようとする意志のすぐれた代弁者であった。

アメリカの植物学者グレイは有神論のキリスト教に忠実で，自然神学の摂理主義に基本的に賛同していたにもかかわらず，ダーウィンの友人，親しい文通相手であり，アメリカにダーウィン思想を導入した主要な人物でもあった。北アメリカの植物の重要な分類家であり，収集家であり，優れた専門家であるグレイは，ハーバード大学で困難で専門的な道を貫き，有名なアガシと対立することになる。そして1859年，種は自然選択によって生まれてくるというダーウィンの理論を支持して，自身の宗教的信条と両立させようとした。ダーウィンはアメリカの親友グレイの目的論に強く反対していたにもかかわらず，アメリカでダーウィン説の核心を支持するよう励ました。そしてそれこそ，グレイが信念を捨てずに遂行したことであった。

ジョバンニ・カネストリーニ

ジョバンニ・カネストリーニ（1835-1900）

各国の「ダーウィニズム」の大半がそうであるように，イタリアのダーウィニズムも，ダーウィンの理論のいくつかの点に対してかなり自由な批判がなされていたという特徴がある。この特徴を最もよくあらわしているカネストリーニは，ラマルク，ダーウィン，ヘッケルを組み合わせ，ダーウィンの性選択理論のいくつかの適用を批判し，ヘッケルの「社会ダーウィニズム」に迎合した。

カネストリーニは，イタリアの動物学者

であり，ジェノバ，モデナ，パドバの各大学で教鞭をとった。魚類とダニ類の専門家であるが，細菌学，生物学の応用分野（医学，農業，牧畜），人類学にも興味を示した。ダーウィンの説をイタリアに広めたのは主にカネストリーニであり，その著作を８点翻訳した。反教条主義的で，一元論を奉じ，ラマルク流の進化論に影響を受けた彼の闘いは，やはり彼が擁護したヘッケルの闘いに似ている。ダーウィンは，彼の人間の起源と痕跡的な形質に関する諸議論にとくに注意を払った。

3 根深い誤解

ダーウィンやダーウィニズム，進化の起こり方をめぐって今も論争がたえないのは，その争点がしばしば論争の当事者たちにとって，非常に微妙な問題をはらんでいるからである。この傾向はとくに，純粋に科学的ではない論争に多くみられる。このような争点の起源は古い。

「社会ダーウィニズム」，マルサス主義，優生論

20年近い歳月をかけて理論的根拠を固め，原典（とくに1871年の『人間の由来』）に立ち戻る作業をおこなったおかげで，今ようやく，ダーウィンが（広く流布してきた説とは反対に）マルサス主義者でもなければ，ゴールトンのような優生論者でもなく，またスペンサーやヘッケルのような「社会ダーウィニスト」でもないことが認められるようになった。先にみたように，これら3つのどれも，ダーウィンの考える道徳と文明の系統学の特殊なあり方と矛盾しているからである。マルサス主義も，優生論も，「社会ダーウィニズム」も，もとはヴィクトリア朝の帝国主義にともなうさまざまなイデオロギー的要請に応えるかたちで登場し，不適応者の社会的淘汰に賛同する勢力からは全面的に受けいれられたが，伝統的なキリスト教道徳の抵抗勢力と，ダーウィンへの誤解にもとづく世俗の敵対勢力からは強く反対されていた。誤解，というのは，後者に属する人々はたいてい，ダーウィンのせいで選択原理が人間社会に乱暴に適用され，さまざまな形の淘汰がまかり通るようになったという説を，無批判に信じ込んでいたからである。こうして，社会ダーウィニズムと優生論に反対する人々は，これら二つの思潮が何かにつけて選択説をもち出すのはダーウィニズムが後ろで糸を引いている証拠だという考えを鵜呑みにして，自然選択説全体に対し，またこれら誤った

思潮の責めを負うべきダーウィンその人に対し，真摯な気持ちで戦った。

彼らの過ちはまた，1862年にマルクスが犯した過ちでもあった。マルクスは，はじめは『種の起源』の底にある唯物論に感激していたが，それがおさまると，何人かの「ダーウィニスト」を相手にした戦いで，政治的・イデオロギー的な必要から態度を急変させた。彼の分析によれば，自然選択説はマルサスの社会イデオロギーを自然の上に投影したものにすぎず，それによって逆に社会に関するマルサスの勧告を「ナチュラリストの立場から」正当化したというのだった。だが1862年の時点では，マルクスがこのようなことを言うのも無理からぬことではあった。というのは，マルサスの勧告への反対が先に見たようにはっきりと表明されたのは，それから9年後にでた『人間の由来』であり，1862年にはこの本を読むことができなかったからである。ここから，エンゲルスや後のマルクス主義者たちの，ダーウィンにたいする相反する態度が生まれてきた。すなわち，一方では彼の唯物論を評価・擁護しながら，他方ではいわゆる「マルサス流のへま」（エンゲルス『反デューリング論』1873年）を糾弾したのである。1938年に『ダーウィン』を著したすぐれた生物学者マルセル・プルナンでさえ，こうした考えから少しも自由になってはいなかった。

ダーウィンは確かに「へま」をしでかしたが，その「へま」とは（といっても体の具合が悪くて仕事の分量が制約されていた上に，まじめで，語りぐさになるほど用心深かったのだから，完全にいいわけは立つ），11年余りもの間（つまり『種の起源』の発表から『人間の由来』の刊行まで）「人類学における沈黙」を守ったということである。おかげで，彼の影響をもろにうけた亜流たちが，彼の開拓した分野に力をそそぎ，彼の理論を人間と人間社会に拡張した結果，彼自身がその原則を示した1871年には時すでに遅く，過熱したイデオロギー論争に首をつっこんだ人々は，それを感知することも理解することもできなくなっていた。このため，皮肉なことだが今日でも，ダーウィン人類学の分析は，人間が問題になって「いない」著作ではなく，問題になって「いる」著作でなされるべきことを，口を酸っぱくして言わなければならない状態にある。しかもこれらの著作が世間の目にふれるようになったのは，1871年以降のことなのだ。

ともかく今日にいたって，ダーウィンに罪はないこと，また彼が自分の理論を不当に用いたどんな思想にも同調していないことは証明された。だがこの証明はあまねく受けいれられているだろうか。西暦2000年，フランスでは，ダーウィンの全著作集の刊行がはじまり，国際チャールズ・ダーウィン研究所の後援でダーウィン展覧会がひらかれた。けれどもその一方で，現代進化生物学の創始者ダーウィンにたいする時代遅れの攻撃もいくつか見受けられる。そのうちのひとつでは，タイトルの下に，得意気な簡略表現に強い悪意が感じられる次のような文句がついていた。「ダーウィンからナチズムへ」。二つの言葉を並べ，そこからただちに重大な因果関係を読みとらせようとするこの副題は，あいかわらず批判にならない批判ばかりして，結局は攻撃しているはずの相手が偉大な科学者の名を騙るのに手を貸しているだけという，一部の注釈家がいまだにおこなっている卑劣な行為と同種のものである。

この現象で興味深いのは，ダーウィンを優生思想や人種差別と結びつけることには熱心な彼らが，優越人種の没落をペシミスティックに歌ったアルチュール・ド・ゴビノー（1816〜1882）の人種差別については，逆に無害なものとして扱おうとし，アレクシ・カレル（1873〜1944）の国民社会主義的優生思想については，ひた隠しに隠そうとしていることである。カレルはフランスの権威ある外科医で［1912年にノーベル生理・医学賞受賞］，20世紀初頭にアメリカで興った断種優生思想に早くから染まり，ムッソリーニを賛美し，フランス人民党（ヴィシー政府時代の親ヒトラー極右政党）の党員となり，1936年には「遺伝的欠陥」を持つと判断された人に対するナチスの最初の断種法（1933年）に支持を表明した。著書『人間，この未知なるもの』（1935年）の中では，「犯罪をおかした狂人」や種々の法律違反者を「人道的に，安上がりに」始末するため，「適切なガス設備のある安楽死施設」を使うことを提案している。1941年，優生学研究のためペタン元帥の下につくられた「人類問題研究財団」の理事に就任すると，「血統生物学」の研究チームを送り，ポーランドや，北アフリカや，アルメニアからの移民家族を対象に，彼らの生物学的な性質をしらべさせた。大量のユダヤ人が一斉検挙され，ドランシーの強制収容所（注1）に送り込まれていた時代に，である。カレルの名誉を回復せよというが（注2），この時代を知る者が，次のようなことを平気で書ける人の意見を気持ちよく受けいれられるとは思えない。「奇妙に思われるかもしれないが，ありとあらゆる過激なテクストがあふれていた当時の文脈に戻してみると，『人間，この未知なるもの』は穏健そのものであり，ショッキングなことはひとつもない。そもそもカレルはこの本のおかげで偉大なヒューマニストと目されるようになったのだ。1935年のヒューマニズムは今日のヒューマニズムとは異なっていた，ただそれだけのことである。」ヒトラーにはそれがわかっていたに違いない。彼は自分の文脈の中で自分自身を「ショッキング」だなどとは夢にも思わずに，それを利用した。20世紀末に，一部の歴史家が「文脈」なるものをふりまわし，歴史とテクストの妙な見直しを叫んでいるのは，何とも異様な光景である。見直したところで，ヒューマニズムが前より立派になるわけでもあるまいに。

バチカンにならって自説を半分しか捨て

なかった（注３）人々—つまり「社会ダーウィニズム」と優生論に関しては，論理とテクストの力に押されて，かつての非難が見当違いであることを長年の誤りののちに認めはしたものの，その他の点ではまだ降参していない人々——がダーウィンを糾弾するときに使う，典型的な極まり文句があと二つ残っている。人種差別と性差別である。いわれなきこれらの非難はいまだにきちんとした論証なしにくり返され，どちらもその頻度がかなり高いので，ここであらためて伝記，ならびに，ダーウィン人類学とそれを支えるテクストの論理そのものをひきあいに出して，非難に答えておく必要がある。

（注１）ドランシーはパリから東北に４キロ離れた町。第二次大戦中，ここにフランス最大規模の強制収容所があった。ナチスに殺されたフランスのユダヤ人の大半は，ここからアウシュヴィッツに送られた。

（注２）1969年以来，リヨン大学医学部は同市出身のカレルを記念して，彼の名を学部の名称に掲げていた。1990年頃からそのことが問題視されるようになり，1992年に投票が行われたが，名称変更への賛成票が規定の2/3に達せず，そのままになっていた。ところが，1995年，カレルが極右政党に属していたことが判明し，『ネイチャー』誌に取りあげられたことがきっかけとなって，1996年，看板ははずされた（カレル事件）。しかしカレルの信奉者は多く，対立・論争は今も続いている。

（注３）1996年，カトリック教会が「身体」については進化論をみとめたが，「精神」については科学の踏み込むべき領域ではないとしたことを指す。

奴隷制度と人種差別

ダーウィンは奴隷制度を嫌悪していた。まず，家の伝統によってである。彼自身と同様，祖父エラズマスも父ロバートも奴隷制度廃止派の自由主義（ホイッグ党）支持者であった。２番目に，ダーウィンはブラジルで，奴隷制度に対して心の底から嫌悪感を覚えていた。そして３番目に，アメリカの北部諸州と，黒人奴隷制を綿花畑で働かせて生活していた南部諸州とが対決した南北戦争により，1860年代を通じてこの嫌悪感が再びはげしくかきたてられたのである。

ビーグル号で航海中，ダーウィンはすでにこう書いている。「私はトーリー党員でありたくはない。キリスト教国家の恥，つまり奴隷制度に関する彼らの心の冷たさを考えるだけでそう思います」（チャールズ・ダーウィン「1832年５月18日から６月16日にかけてのヘンズローへの手紙」）。「イギリスでの事の成り行きを知ると，私の胸は熱くなります。——誠実なるホイッグ党員，万歳。——我々が誇りとする自由についたこのおぞましい汚点，植民地の奴隷制度を，彼らが間もなく攻撃してくれるだろうと期待しています。−−私は，奴隷制度と黒人奴隷の素質をつぶさに見ましたから，イギリスでこの問題についていわれている「嘘」と「非常識」にはまったくうんざりしています。」

（チャールズ・ダーウィン「1833年6月2日J・M・ハーバートへの手紙」）

1833年8月イギリスでは議会が奴隷解放令をとおし，これによって，1834年以降，イギリス植民地における奴隷制度には終止符が打たれた。30年近く後，ダーウィンは，今度はアメリカ南部諸州に対して強い非難をくり返している。「私もそうですが，多くの命の犠牲にもめげず北部が奴隷制度反対の聖戦を宣言するよう祈っている人たちがいます。百万の恐ろしい死は，ついには人間性という信条の中に豊かな代償を見出すはずです。――なんというとんでもない時代を我々は生きているのでしょう――マサチューセッツをみれば，気高い情熱がわかろうというものです。ああ！地球上における度し難い災いたる奴隷制度を，一刻も早く廃止してほしいものです」（チャールズ・ダーウィン「1861年6月5日エイサ・グレイへの手紙」）

しかし，イギリスの繊維工業階層とパーマストン内閣は，南軍を支持することになる。ダーウィンが，アメリカ南部における戦争によって起った重大な経済問題（イギリスにおける綿飢饉）をいかに意識していたとしても，人間が人間を飼うということは，この旅行以来死ぬまでずっと，彼にとっては，倫理的に恥ずべきこと，ますます神経を逆なでされるようなこと，そして文明の失敗であり続けたのである。

ダーウィンが奴隷制度にきわめて強く関心をもっていたことは，伝記作家たちのおかげで世界じゅうに知られている。彼は，白人の有色人種に対する優越性を人種的に正当化することを拒否し，「民族学会」に入会した。そこでは，ハクスリー，バスク，ラボック，ゴルトン，ウォーレスなどダーウィンの多くの友人が，ダーウィン（名誉会員）と，顧問を務める兄エラズマスのまわりに結集していた。民族学会は，ダーウィンの学説と人類単一起源説（すべての人種の起源はひとつであるという前提に立つ説），そして博愛主義を掲げ，医者であり人類学者であるジェームズ・ハントに率いられて脱会した離反分子の一派に対して苛烈な戦いを繰り広げた。ジェームズ・ハントは人種差別主義の人種学者ロバート・ノックス（1793−1862）の信奉者であり，自分自身も戦闘的な人種差別主義者で，植民地における弾圧の強化に賛成していた。この離反一派は，人類多源説者（人類の中で識別可能なさまざまな「種」には多様な起源があるという説の支持者）たちを集め，アメリカ南北戦争のまさに最中である1863年に，人類学会を創設した。ゴルトンは，この協会にも所属していたが，彼が二重に所属していたことはさまざまに評価できるだろう。ダーウィンの敵である人類学協会の

ヴァージニア州リッチモンドでの黒人売買。リッチモンドは奴隷制を支持する南部連合諸州の中心地であった。まもなく南部連合が降伏し南北戦争は終結する(1865年)。

メンバーたちは,「人食いクラブ」に集まった。このクラブでは,「人食いの宴会」が行われ,メンバーたちは顔を塗り仮装し,「野蛮人たち」の「悪い態度」を真似た。彼らは「野蛮人たち」の劣等性は生来のもので矯正できず,厳しい植民地支配の政治による隷属も正当であると考えていた。ハントはまもなく,学会経営の間に犯した公金横領で断罪され,この人種差別的行動主義者の活動と目につく影響に終止符が打たれることになる。

イギリスに滞在し,3年にわたってイギリス文化に接触し,イギリスに適応したフエゴ人をフィッツ・ロイ大尉が,彼らの生地フエゴ諸島へ送っていったが,ダーウィンは『人間の由来』の第4章と7章に,彼らがどのようにしてイギリス文明を受け入れ,精神,性格,能力の点で「我々のように」なったかについて,関心と愛情をもって言及している。この観察は人種差別主義が行ってきた,また今でも行っている生物学的格付けの固定とは明らかに対極にある。

ダーウィンの反人種差別主義の理論的中核は,道徳と文明の理論の中核でもある。すなわちすべての制度的境界を少しずつ越え,他者を同胞として認識し共感を限りなく広げることである。『人間の由来』の第4章が,決定的にそれを証言している。その部分を抜粋してみよう。「人間が文明において前進するにつれ,また小さな部族が統合されてより大きな共同体になるにつれ，たとえ個人的には知らない人でも同じ国の全ての人々に，社会的本能や共感を広げるべきであると，最も単純な理性が個々人に知らせるはずである。ひとたびこの点に達すれば，その共感が全ての国の人々，全ての人種の人々に広がるのを妨げるのは，人為的な障害だけである。たしかに，これらの人たちが彼と外見あるいは習慣が大きく異なっている場合は，相手を同胞として見るまでにどれだけ長い時間がかかるかを，我々は残念ながら経験によって知っているのである」(『人間の由来』) このテキストの明瞭な内容は言うに及ばないが，最後の文章で「彼」が「我々」に変わっているのは文法的にはおかしい。そこに偶然に表現されたダーウィンの無念がいかばかりかを示す手がかりのようなものである。

《文明の同化的融和的領域は，ゆえに差別的人種差別主義を排除するという傾向を示す。》ダーウィンは，これを完全に実現するには時間と闘いを要することを知っていた。この闘いとはつまり，人間とその社会の近年の歴史の流れの中で，かつての生存競争にとって代わった新しい倫理上の闘いのことである。せっかちなテキスト注釈者の中にはいまだに彼の学説を生存競争に還元させたがる者もいるが，そろそろ彼らもダーウィンが，一貫性をもった平和の思想家でもあったということを，認めるべきだろう。この一貫性を認めるための唯一の方法は，彼の人類学をよく知って分析することである。

女性差別

さて，「女性差別」に関する非難である。1871年出版の『人間の由来』の中で，ダーウィンは「文明」人と接触し征服された「未開」人の劣等性を客観的に想起しているが(ただし前述したように，この劣等性には永続性はまったくなく，その原因は物理的環境と歴史にある)，それとまったく同様に社会における女性の現在の地位の低さを記述し，進化論的な見方でこれを説明しようとしている。女性は，子育てや，男性より冒険的でも探究的でもない生活に密着しており，その結果，力，創意，大胆さを伸ばすチャンスが少なかった。しかし，女性は，社会的本能の核となる形態，すなわち母性愛を持っていて，それは子供に対する惜しみない心遣いの中に表現される。彼女たちはこのようにして，保護，弱者の庇護，援助，救済，そして教育にすぐれ，社会関係を結ぶのがうまく，道徳的感情を上手に伝えることができる。ダーウィンにとって文明の未来とは，利他的行動の漸次的普遍化という倫理の未来を意味していた。このため彼は女性を，この基本的な関係のもとで，文明の最初のベクトルとみなしていたのである。

「女は，男よりずっと優しく男のようには利己的でないなどという点で，男とは気質が異なるようだ。マンゴ・パークの『旅行記』の有名な一節や，他の旅行者たちの記述から，未開人の間でさえそうであることがわかる。女はその母性本能によって，幼い子どもたちに対してこうした素質を十分に発揮している。したがって，女がしばしば他の女たちにこうした資質を広げるのは本当であるらしい。男にとって他の男はライバルであり，彼らは競争することに満足を覚える。競争は野心に至り，野心はきわめて簡単にエゴイズムに変わる。こうした資質は，男が生まれながらにしてもつ不幸な自然権のようである」

（『人間の由来』第19章）

ダーウィンは女性をいつまでも低い地位にとどまらせておくのではなく，教育の力で早く終止符を打とうと，同じ章で勧めている。－－また第４章では，人間の文化的進化において，教育は自然選択の重要性を減ずると言っている－－。教育が進化の遅れを取り戻し，現代社会における女性の従属的地位を改善するのである。

「女が男と同じレベルに達するためには，成人年齢近くになった時に気力と忍耐力が鍛えられていなければならないし，理性と想像力は，最高水準に磨かれていなければならない。そうすれば，女性は主に成人した自分の娘にこうした美質を伝えられるだろう」。

４．フランス人が繰り返す固定観念：ダーウィンのラマルクへの還元

「ダーウィンはそっくりそのまま，すでにラマルクの中にいた」という考えは，『種の起源』が最初に翻訳された時からフランスの反ダーウィニズムで繰り返されている決り文句のひとつである。このある種のナショナリズム的考えを帯びた考えがとんでもなく間違っているにしても，である。この考え方が今日，ある遺伝学者から発表されたときは，やはりこっけいであった。「ダーウィンは，獲得形質をラマルク以上に信じていた。そしてラマルクにあっては，自然選択を排除するものは何もない。自然選択のスケッチがラマルクにおいてほとんどできあがっていたのは，我々がすでに示している」（アンドレ・ランガネイ『哲学...生物学の』パリ，ベラン刊，1999年）。我々はこの小作品の中に，この「ほとんどスケッチのできあがっていた」という明快な発見がどこからきているのかを見出そうと，とくに注意してみたが，残念ながらそれをみつけることは諦めねばならなかった。

パトリック・トール

ダーウィンの息子たち

ウィリアム・エラズマス（1839～1914）
彼の乳幼児期は父ダーウィンに注意深く観察された。それをもとに『ある乳幼児の生物学的スケッチ』が書かれたが，出版されたのはずっと後だった（1877年）。観察の目的は，先天的な表情や行動の種類を確定し，それらの様態を記述すること，また後天的な表情や行動の獲得過程を知ることである。ウィリアム・エラズマスは長じてサザンプトンの銀行家となった。

ジョージ・ハワード（1845～1912）
天文学者，数学者。1879年に王立学会の会員となる。父の死後，1883年に，ケンブリッジ大学の天文学および実験哲学の教授に任命され，終生その地位にとどまった。研究分野は太陽系の起源と進化。近親婚の問題では父を助けて統計学的研究をおこなった。

フランシス（1848～1925）
植物学者。専門は植物生理学。父の伝記を執筆し，書簡の一部を公表した（『チャールズ・ダーウィンの生涯と書簡』1887年，『チャールズ・ダーウィンの書簡補遺』1903年）。1875年からは父の共同研究者となり，『植物の運動能力』（1880年）の執筆に協力した。1879年に王立学会の会員に選ばれ，1884年以降はケンブリッジ大学で教え，1888年から1904年まで同大学の植物学教授をつとめた。

リオナード（1850～1943）
軍人。1871年，英国工兵隊に入り，1890年に少佐となる。1877年から1882年までチャタムの工兵学校で教え，1892年から1895年まで自由統一党（アイルランドの自治を認めない）の国会議員。1908年から1911年まで王立地理学会の会長。ゴールトンの流れをひく優生学支持者で，貧者救済にきびしく反対する姿勢は，どちらかといえば「社会ダーウィニスト」的である。これまでダーウィン思想の解釈に横行してきた矮小化，文脈無視，歪曲といった動きを，家族の中で代表している人物。

ホラス（1851～1928）
技師。科学器具製造者。1885年，ケンブリッジ科学器具会社を設立。1896年から１年間，ケンブリッジ市長。1903年，王立学会の会員となる。ダーウィンの『自伝』（1958年）の出版で知られるノラ・バーロウは彼の孫娘。『自伝』以外で彼女が出版したダーウィン関係の本は，『ビーグル号航海日誌』1933年，『チャールズ・ダーウィンとビーグル号航海』1945年，『鳥類学ノート』1963年，『若きダーウィンとヘンズローの書簡』1967年。ノラ・バーロウは104歳まで生きた。

ビーグル号の航海とダーウィン（略年譜）

1831年

12.27　デヴォンポート（イギリス）を出港。

1832年

1.16〜2.8　カーボベルデ諸島（火山島）

2.15〜2.16　セント・ポール岩礁

2.20　フェルナンド・デ・ノローニャ島（火山島）

2.29〜3.18　バイア（ブラジル）

4.4〜7.5　ビーグル号，リオ・デ・ジャネイロに停泊。

4.8〜4.23　ダーウィンの内地旅行——奴隷制に憤慨する。

7.26〜8.19　モンテビデオ（ウルグアイ）

9.6〜10.17　バイア・ブランカ（アルゼンチン）

プンタ・アルタで，１本の歯をふくむメガテリウムの顎骨を発見。再訪にそなえて場所を記憶する。

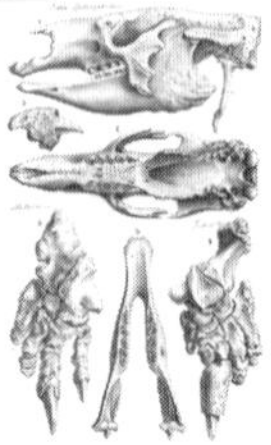

スケリドテリウムとミロドンの化石骨

11.2〜11.10　ブエノス・アイレス

11.14〜11.27　モンテビデオ

ライエルの『地質学原理』第２巻を受けとる。

1833年

1882.12.16〜1883.2.26　ティエラ・デル・フエゴ

3.1〜4.6　フォークランド諸島

4.28〜7.23　マルドナド（ウルグアイ）

ダーウィン，２週間ほど北の方へ内地旅行。

8.3〜8.24　ネグロ川河口

8.11〜8.17　ダーウィンの内地旅行——エル・カルメン（パタゴネス）からバイア・ブランカまで。

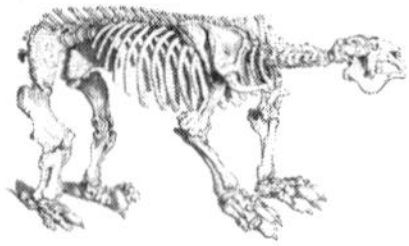

復元されたメガテリウムの骨格

8.24〜10.6　ビーグル号，アルゼンチン海岸を測量。

8.31　ダーウィン，プンタ・アルタで化石骨の発掘。

9.8〜9.20　ダーウィンの内地旅行——バイア・ブランカからブエノス・アイレスまで。

10.6〜10.19　ビーグル号，マルドナドに停泊。

9.27〜10.20　ダーウィンの内地旅行——ブエノス・アイレスから陸路でサンタ・フェまで行き，パラナ川を下って帰る。

サンタ・フェの対岸の町，サンタ・フェ・バハダに５日間滞在。その間，アルマジロ，トクソドン，マストドン，ウマなどの化石骨を発掘。

10.21〜12.6　モンテビデオ

11.14〜11.28　ダーウィンの内地旅行——モンテビデオーメルセデス間往復。ここでもメガテリウムの骨の断片を発見。

1833.12.23〜1834.1.4　プエルト・デセアド（パタゴニア海岸）

1834年

1834.1.9〜1.19　プエルト・サン・フリアン——マクラウケニアの骨発見。

1.26　マゼラン海峡に入る。
1.26〜3.7　ティエラ・デル・フエゴ
3.10〜4.7　フォークランド諸島
4.13〜5.12　サンタ・クルス川（パタゴニア）
4.18〜5.8　サンタ・クルス川の遡江。
6.28〜7.13　チロエ島（チリ）
7.23〜11.10　バルパライソ
8.14〜9.27　第1回アンデス越え。

1835年

アンデス旅行

1834.11.21〜1835.2.4　チロエとチョノス諸島
2.8〜2.22　バルディビア
2.20　地震
3.4〜3.7　コンセプシオン
3.11　バルパライソ
3.13　サンチアゴ
3.18〜4.17　第2回アンデス越え——サンチアゴからメンドサへ行き，サンチアゴに戻ったのちバルパライソへ。
4.27〜7.4　第3回アンデス越え——コキンボからコピアポへ行き，海岸へ戻る。
7.12〜7.15　イキク（ペルー）
7.19〜9.7　カヤオ（リマの港）
9.16〜10.20　ガラパゴス島（火山島）——動物地理学（とくに鳥類）に関する重要な観察。
11.9　デインジェラス列島（ロウ諸島）——はじめて珊瑚礁を見る。

パタゴニアのトカゲ
(*diplolaemus darwinii*)

11.15〜11.26　タヒチ
12.21〜12.30　ニュージーランド
1836.1.12〜1.30　シドニー（オーストラリア）
2.5〜2.17　ホバート（タスマニア）
3.6〜3.14　キング・ジョージ湾（オーストラリア南西）
4.1〜4.12　キーリング諸島——種々の珊瑚礁。環礁の研究。
4.12〜5.9　モーリシャス島（火山島）
5.31〜6.18　喜望峰

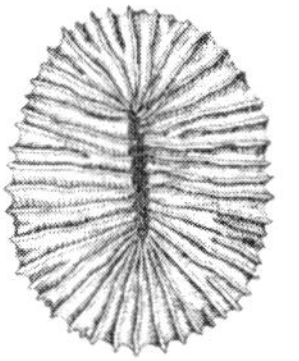
クサビライシサンゴ

7.8〜7.14　セントヘレナ島（火山島）
7.19〜7.23　アセンション島（火山島）
8.1〜8.6　バイア（ブラジル）
8.12〜8.17　ペルナンブコ（ブラジル）
8.31　プライア港（カーボベルデ諸島）
9.19〜9.24　アゾレス諸島
10.2　ファルマス（イギリス）に帰港。

INDEX

INDEX

INDEX

出典(図版)

【口絵】

博物図鑑所収。版画。個人蔵。
5上◉スッポン。
5下◉アオウミガメ。
6◉バーチェルシマウマ。
7◉ショートホーン牛。
8◉ドクロメンガタスズメ。
9◉クワガタと種々の甲虫。
10◉コフウチョウ
11◉競技用伝書バト
12◉ラン
13◉ネナシカズラ
15◉チャールズ・ダーウィン。写真。1854年。

【第1章】

16◉チャールズ・ダーウィン。水彩。ジョージ・リッチモンド作。1840年。ケント州ダウン，ダウンハウス。
17◉ダーウィンの顕微鏡。同上。
18◉エラズマス・ダーウィン。ジョゼフ・ライト作。1770年頃。ケンブリッジ大学，ダーウィン・カレッジ。
18〜19◉ジョサイア・ウェッジウッド1世の家族。ジョージ・スタッブズ作。1780年頃。バーラストン，ウェッジウッド博物館。
19◉ジョサイア・ウェッジウッド1世。版画。W．ホル作。1765年頃。ハルトン・ゲッティ写真コレクション。
20◉シュルーズベリ学校の図書館。版画。1843年。C.W.ラドクリフ著『シュルーズベリ学校の思い出』所収。
20〜21◉チャールズ・ダーウィンと妹カサリン。1816年頃。ダウンハウス。
22◉ロバート・ウェアリング・ダーウィン。油彩。同上。
23◉エディンバラ大学。版画。個人蔵。
24◉ダーウィンが採集した甲虫の標本。ダウンハウス。
25上◉フォークランド諸島でつかまえた甲虫。同上。
25下◉甲虫にまたがったチャールズ。アルバート・ウェイ作。ケンブリッジ大学図書館。
26◉クライスツ・カレッジ。1815年頃。版画。個人蔵。
27◉ウィリアム・ペイリー。油彩。ジョージ・ロムニー作。1789年。ロンドン，国立肖像館。
28〜29◉メア屋敷。版画。個人蔵。
29◉アダム・セジウィック。写真。1855年頃。ハルトン・ゲッティ写真コレクション。

【第2章】

30◉ジェイムズ島の前のビーグル号（ジェイムズ島はガラパゴス諸島のひとつ）。1835年10月。ジョン・チャンセラーの絵にもとづく石版画。個人蔵。
31◉航海日誌の手帖。ダウンハウス。
32◉ロバート・フィッツロイ海軍少将。油彩。サミュエル・レイン作。ロンドン，王立海軍大学。
32〜33◉ビーグル号の縦断面図。フィリップ・パーカー・キング作。1832年。
33◉航海中に使用したダーウィンの六分儀。ロンドン，王立地理学会。
34〜35◉ビーグル号航海の略地図。
36◉ハグロキヌバネドリ。ジョン・グールド著『キヌバネドリ類図説』所収。1832年。
37上◉オニオオハシ。ジョン・グールド著『オオハシ類図説』所収。1832年。
37下◉奴隷の虐待。版画。
38◉ラマルクの彫像。レオン・ファジェル作。パリ，自然史博物館。
39左◉パリ周辺で見つかった貝殻の化石。ラマルク著『パリ周辺の化石について』所収。1802〜1806年。同上。
39右◉動物の形成順序の推定図。ラマルク著『無脊椎動物誌』所収。1815年。パリ，自然誌博物館。
40◉『地質学原理』第1巻初版の口絵とタイトル頁。1830年。
41◉チャールズ・ライエル。油彩。ロウズ・ケイトー・ディキンソン作。1870年頃。ロンドン，国立肖像館。
42◉ティエラ・デル・フエゴのビーグル号。水彩。コンラッド・マーテンズ作。1834年。国立海洋博物館。
42〜43◉ビーグル号に乗っていた3人のフエゴ人。フィッツロイ作。『ビーグル号航海の談話』所収。1839年。
43下◉テキーニカ族の男。版画。原画はコンラッド・マーテンズ作。同上。
44◉南極犬。『ビーグル号航海の動物学，第2部，哺乳類』（記載者ロバート・ウォーターハウス）所収
44〜45◉マレイ海峡のビーグル号。水彩。コンラッド・マーテンズ作。ダウンハウス。
46左◉マクラウケニア・パタコニカの肢骨。『ビーグル号航海の動物学，第1部，化石哺乳類』（記載者ロバート・オーエン）所収。
46右◉マクラウケニア・パタコニカの頭骨。版画。
47左◉オーエンにより復元されたミロドンの骨格。
47右◉同メガテリウムの骨格。
48下◉ダーウィンがバイア・ブランカから持ち帰ったアルマジロの剥製。1833年。ロンドン，自然史博物館。
48上◉センザンコウとアルマジロ。ビュフォン著『博物誌，』所収。
49◉アルゼンチンの椰子3種。『談話』所収。

出典(図版)

50◉ビーグル号の修理。版画。T.ランドシア作。原画はコンラッド・マーテンズ。『談話』所収。
51◉チリ上空から見たアンデス山系。写真。
52◉チリの中央山脈の地質断面図。ダーウィン作。ダーウィン著『南アメリカの地質学的考察』(1851年)所収。
52〜53◉地震後のコンセプシオン。版画。原画はJ.C.ウィッカム。『談話』所収。
53◉ダーウィンが航海中に用いた地質調査用ハンマー。ダウンハウス。
54◉サボテンフィンチ。『ビーグル号航海の動物学，第3部，鳥類』(記載者ジョン・グールド)所収。1841年。
55上◉ガラパゴスの「アトリ」4種。『ビーグル号航海記』所収。
55下◉オオガラパゴスフィンチのオスとメス。ジョン・グールドの水彩画にもとづく石版画。『ビーグル号航海の動物学，第3部，鳥類』所収。
56◉ガラパゴスゾウガメ。写真。
57上◉ガラパゴスリクイグアナ。写真。
57下◉ガラパゴスウミイグアナ。写真。
58〜59◉ポリネシアの珊瑚礁。
58◉珊瑚礁形成の模式図。ダーウィン著『珊瑚礁の構造と分布』所収。1842年。
60◉『ビーグル号航海の動物学』のタイトル。
60〜61◉ポリプをひらいたウミトサカ。写真。
61◉ガラパゴスのフサカサゴ。『ビーグル号航海の動物学，第4部，魚類』(記載者リオナード・ジェニンズ)所収。1842年。
62◉トーマス・ロバート・マルサス。1820年頃。ハルトン・ゲッティ写真コレクション。62〜63◉ダーウィンの手帖，望遠鏡，顕微鏡。ダウンハウス。
63下◉ダーウィンの航海日誌の一節。1836年9月。ダウンハウス。

【第3章】

64◉第一子ウィリアム・エラズマス(愛称ドディ)とダーウィン。銀板写真。1842年夏。ケンブリッジ大学，ダーウィン・コレクション。
65◉進化のようすを示す図。1837年，ノートブックB。ケンブリッジ大学図書館。
66◉ノルマン馬。版画。ビュフォン著『博物誌』所収。
67上◉自然選択。サーシャ・ストレルコフ作。ダーウィン展示会(2000年)で使用。と67下◉バルブ馬。版画。ビュフォン著『博物誌』所収。
68〜69◉自然選択説誕生の模式図。
70◉王立学会の会合。版画。個人蔵。
71上◉エンマ・ダーウィン。パステル画。ジョージ・リッチモンド作。1840年。ダウンハウス。
71下◉ジョゼフ・ドールトン・フッカー。写真。1876年頃。ハルトン・ゲッティ写真コレクション。
72〜73上◉庭側からみたダウンハウス
72下◉窓辺でくつろぐダーウィン家の人々。1866年頃。ケンブリッジ大学図書館。
73下◉老馬トミーにまたがったダーウィン。1870年代はじめ。ダウンハウス。
74左◉カメノテ
74〜75◉フジツボ
74下◉アネラスマの外観と断面。ダーウィンのモノグラフ所収。1851年。
75右◉フジツボの外観と断面。モノグラフ第2巻所収。1854年。
76◉アルフレッド・ラッセル・ウォレス。油彩。作者不詳。1863〜66年頃。国立肖像館。76〜77◉ダーウィンと2人の友(左からフッカー，ライエル，ダーウィン)。油彩。作者不詳。王立外科学会。

【第4章】

78◉ダーウィンの風刺画。雑誌『ヴァニティ・フェア』所収。1871年9月。ダウンハウス。
79◉『種の起源』初版本のタイトルページ。1859年。ロンドン，自然史博物館。
80下◉1858年に書かれた「要約」のタイトル。
81◉トーマス・ヘンリー・ハックスリー。写真。1857年。ハルトン・ゲッティ写真コレクション。
82上◉ハーバート・スペンサー。版画。1872年。同上。
82下◉フランシス・ゴールトン。写真。1860年。
82〜83◉ゴールトンの人体測定研究所(サウス・ケンジントン，国際健康展覧会会場)。写真。
84〜85◉サミュエル・ウィルバーフォースとハックスリーの対決。雑誌『ヴァニティ・フェア』所収。
85上◉リチャード・オーエン。版画。1850年頃。個人蔵。
86◉ハトの品種リスト。ダーウィンの自筆。ダウンハウス。
87上◉短面有髭宙返りバト《タンブラー》。版画。D.ウォルゼンホルム作。
87下◉シレジアン・ポーター。同上。
88上◉ハエトリグサ。版画。19世紀。
88下◉ダーウィンの採集箱。ダウンハウス。

出典（図版）

89上◉ハエトリグサ。写真。
89下◉ラン。版画。19世紀。個人蔵。
90◉マルハナバチを捕らえるシロアズチグモ。
91◉木の葉によく似たバッタ。ミシェル・ブラール撮影。
92◉シーラカンス。写真。ストラスブール動物博物館。
93◉始祖鳥。写真。ロンドン，自然史博物館。
94〜95◉地球の断面。バックランド著『自然神学との関係で考察された地質学と鉱物学』所収。1836年。
94下◉ウィリアム・トムソン。写真。1885年頃。ハルトン・ゲッティ写真コレクション。

【第5章】

96◉チャールズ・ダーウィン。写真。マーガレット・カメロン撮影。1881年。ダウンハウス。
97◉チンパンジー。写真。
98上◉猿と会話するダーウィン。『ザ・ロンドン・スケッチブック』の風刺画。1861年。98下◉猿の頭骨。ダーウィン所蔵。ダウンハウス。
99◉リージェント公園の動物園を訪ねる女性たち。『ザ・グラフィック』所収。1871年。ハルトン・ゲッティ写真コレクション。
100上◉オオフウチョウのオスとメス。モントーバン，自然史博物館。
100下◉おびえた猫。版画。『人間と動物の情動表現』所収。1872年。
101◉表情の研究のために電気刺激を受ける被験者。写真。同上。
102◉『パンチ』の風刺画。1881年。
103◉ダウンハウスに設置された「ミミズ石」。
104◉妻のピアノ演奏を聴くダーウィン。油彩。作者不詳。
105◉ダーウィンの葬儀。版画。『ザ・グラフィック』所収。
106◉73歳のエンマ・ダーウィン。写真。1881年。ダウンハウス。
106〜107◉地上の楽園。油彩。ヤン・ブリューゲル作。ローマ，ドーリア・パンフィーリ美術館。
108〜109◉ダウンハウスのベランダと庭。水彩。ジュリア・ウェッジウッド（ダーウィンの姪）作。1884年。王立外科学会。
110◉ダウンハウスの温室で植物をしらべる老ダーウィン。水彩。ジョン・コリアー作。ダウンハウス。
111◉ヒューゴ・ド・フリース。写真。1933年。
112◉メビウスの環。ジャン＝フランソワ・デュモン作。
113上◉人間の胎児と犬の胎児。『人間の由来』所収。1871年。
113下◉フランス語版『人間の由来』の表紙。1999年。
114◉子どものまわりにとぐろを巻くメスのオオムカデ。写真。ミシェル・ブラール撮影。
115◉子どもを抱くメスのチンパンジー。写真。タンザニア。
116◉ダーウィンの書斎。ダウンハウス。

【資料篇】

117◉「人間はウジ虫にすぎない」。1882年。『パンチ』の風刺画。
119◉相同器官の例：ジュゴンとコウモリの前肢。版画。オーエン著『四肢の本性』所収。1849年。
120◉痕跡器官の例：ゴリラと人間の尾骨。版画。ロマーニズ著『ダーウィンとダーウィン以後』所収。1897年。
125◉横から見たホッキョククジラの骨格。W.H.フラワー著『クジラ目について』所収。1866年。
126◉第3紀における馬の脚の進化。O.C.マーシュ作。1877年。
129◉形質分岐の模式図。『種の起源』第4章所収。
130◉脊椎動物の胚の発達3段階。版画。原画はK.E.ベーア。
133◉トーマス・H・ハックスリー。風刺画。1873年。
134◉ハーバート・スペンサー。写真。
135◉フランシス・ゴールトン。写真。
137左◉エドワード・ブライス。写真。
137右◉人間の系統樹。版画。ヘッケル著『人類学』所収。1874年。
138左◉エルンスト・ヘッケル。写真。
139左◉エイサ・グレイ。写真。
139右◉ジョヴァンニ・カネストリーニ。写真。
146◉リッチモンドの奴隷市。版画。19世紀。
149◉ダーウィンの息子たち。写真。
150上◉スケリドテリウムとミロドンの復元骨格。版画。
150下◉メガテリウムの復元骨格。版画。
151上◉アンデス旅行。版画。
151中◉パタゴニアのトカゲ。版画。
151下◉クサビライシサンゴ。版画。

参考文献

[日本語で読むことができるダーウィンの著作]

『ビーグル号航海記』上・中・下　岩波文庫（品切れ）

『種の起源』上・下　岩波文庫

『よじのぼり植物　その運動と習性』森北出版　1991

『人類の起源』　中央公論社（「世界の名著」39）1967

『人及び動物の表情について』　岩波文庫

『ミミズと土』　平凡社ライブラリー　1994

『ダーウィン自伝』　ちくま学芸文庫

『ダーウィン著作集』　文一総合出版

既刊『人類の進化と性淘汰』,『植物の受精』

予定『花の異型性について』,『ヒトと動物の感情表現』,『ランの受精について』『植物の運動力』,『飼育栽培下における動植物の変異』,『よじのぼり植物』『食虫植物』,『種の起源』,『ミミズと土』,『ビーグル号航海記』『サンゴ礁の構造と分布』,『火山諸島』

CRÉDITS PHOTOGRAPHIQUES

AKG,Paris 11.Bibliothèque centrale M.N.H.N.,Paris 39.Cambridge University Library 25b,40,64, 65,72b.Christophe Lepetit, Paris 58-59h.Cosmos/SPL/Volker Steger,Paris 98b.Dorling Kindersley/English Heritage Photographic Library,Londres 31b,103.English Heritage Photographic Library,Londres 16,17,20-21b,22,24,44-45h,50,53b,63b,71h,73b,78,86,88b,96,100b,116.Getty Stone, Paris 29b,62b,71b,81,82h,94b,99,101,134.Hoa-Qui/P.Escudero,Paris 51.Hoa-Qui/P.de Wilde 57h. Jacana/Sylvain Cordier 74g.Jacana/Fred Winner 74-75h.Jacana/Rouxaime,Paris 89h.Jacana/Michel Viard 92.Jacana/Ziesler Gunter 115.Jean-Fran Çois Dumont,Paris 112.Jean-Loup Charmet,Paris 80b.Mary Evans Picture Library,Londres 19b,32-33h,55h,72-73h,82b,82-83h,85h,105, 106b,130.Michel Boulard,Paris 90-91,114.Musée d'Histoire naturelle,Montauban 100h.Musée océanographique de Monaco/Claude Rives,Paris 60h.National Portrait Gallery,Londres 27,41, 76h.M.N.H.N./Laurent Bessol,Paris 38.Photothèque Gallimard,Paris Couv dos,5-13,20,23,26,28-29h,30,34-35,36g,36d,37,42-43h,43b,44b,46,47,52b,52-53h,54,55b,61b,70,84-85b,88h,94-95h,118-133, 135,137-139,146,150-151,149.PPCM,Paris 25h.Rapho/Raymond de Seynes,Paris 56,57b.Rapho/James Balog 97.Roger-Viollet,Paris 111.Sacha Strelkoff 67h.Science Photo Library Volker Sieger The Bridgeman Art Library,Paris 18,18-19h,32,33b,42b,49,62-63h,76-77b,79,87,98h,104,106-107, 108-109,110.The Natural History Museum,Londres 48b,92.

[著者]パトリック・トール
哲学者，言語学者，生物・人間科学を専攻。国際チャールズ・ダーウィン研究所の創立者・所長。『ダーウィニズムと進化の辞典』（1996年）により科学アカデミー賞受賞。フランス語版ダーウィン全集35巻を翻訳刊行中。

[監修者]平山廉《ひらやまれん》
慶應義塾大学経済学部卒業後，京都大学で越せきつい動物を専攻。現在，帝京平成大学情報学部助教授。爬虫類，とくに現生，化石を問わずカメ類の系統進化を研究している。著書に『最新恐竜学』（平凡社新書），『痛快！恐竜学』（集英社）。……………………………………………………………………………………………………

[訳者]南條郁子《なんじょういくこ》
1954年生まれ。お茶の水女子大学理学部数学科卒。仏文翻訳者。訳書に『十字軍』，『ヨーロッパの始まり』，『ミイラの謎』，『宇宙の起源』，『ギュユスターブ・モロー』，『ラメセス2世』，『古代中国文明』『暦の歴史』（ともに本シリーズ）がある……………………………………………………………………………………

[訳者]藤丘樹実《ふじおかきみ》
1950年生まれ。慶応義塾大学文学部仏文翻訳者。共訳書に「タンダム」（扶桑社），『シュリーマン・黄金発掘の夢』，『旧約聖書の世界』（本シリーズ）がある………………………………………………………………

「知の再発見」双書99　ダーウィン

2001年10月20日第1版第1刷発行

著者	パトリック・トール
監修者	平山廉
訳者	南條郁子，藤丘樹実
発行者	矢部敬一
発行所	株式会社 創元社 本　社❖大阪市中央区淡路町4-3-6　TEL(06)6231-9010(代) FAX(06)6233-3111 URL❖http://www.sogensha.co.jp/ 東京支店❖東京都新宿区神楽坂4-3煉瓦塔ビルTEL(03)3269-1051(代)
造本装幀	戸田ツトム
印刷所	図書印刷株式会社

落丁・乱丁はお取替えいたします。

 ISBN4-422-21159-5

「知の再発見」双書

❶文字の歴史
❷古代エジプト探検史
❸ゴッホ
❹モーツァルト
❺マホメット（品切れ）
❻インカ帝国
❼マヤ文明
❽ゴヤ
❾天文不思議集
❿ポンペイ・奇跡の町
⓫アレクサンダー大王
⓬シルクロード
⓭ゴーギャン
⓮クジラの世界
⓯恐竜のすべて
⓰魔女狩り
⓱化石の博物誌
⓲ギリシア文明
⓳アステカ王国
⓴アメリカ・インディアン
㉑コロンブス
㉒アマゾン・瀕死の巨人
㉓奴隷と奴隷商人
㉔フロイト
㉕ローマ・永遠の都
㉖象の物語
㉗ヴァイキング
㉘黄金のビザンティン帝国
㉙アフリカ大陸探検史
㉚十字軍
㉛ピカソ
㉜人魚伝説
㉝太平洋探検史
㉞シェイクスピアの世界
㉟ケルト人
㊱ヨーロッパの始まり
㊲エトルリア文明
㊳吸血鬼伝説
㊴記号の歴史
㊵クレオパトラ
㊶カルタゴの興亡
㊷ミイラの謎
㊸メソポタミア文明
㊹イエスの生涯
㊺ブッダの生涯
㊻古代ギリシア発掘史
㊼マティス
㊽アンコール・ワット
㊾宇宙の起源
㊿人類の起源
51オスマン帝国の栄光
52イースター島の謎
53イエズス会
54日本の開国
55ルノワール
56美食の歴史
57ペルシア帝国
58バッハ
59アインシュタインの世界
60ローマ人の世界
61フリーメーソン
62バビロニア
63死の歴史
64ローマ教皇
65皇妃エリザベート
66多民族の国アメリカ
67モネ
68都市国家アテネ
69紋章の歴史
70キリスト教の誕生
71アーサー王伝説
72錬金術
73「不思議の国のアリス」の誕生
74数の歴史
75宗教改革
76シュリーマン・黄金発掘の夢
77ギュスターブ・モロー
78旧約聖書の世界
79レオナルド・ダ・ヴィンチ
80本の歴史
81ラメセス2世
82美女の歴史
83ヨーロッパ庭園物語
84ナポレオンの生涯
85ワーグナー
86古代中国文明
87シャガール
88地中海の覇者ガレー船
89「星の王子さま」の誕生
90日本の歴史
91巨石文化の謎
92セザンヌ
93聖書入門
94ラファエル前派
95聖母マリア
96暦の歴史
97ヒログリフの謎をとく
98レンブラント
99ダーウィン
100マリー・アントワネット